표준

제빵이론

재단법인 과우학원 著

• • • 머 리 말

인류문명은 식문화의 변화와 함께 발전되고 계승되어 왔습니다.

수집과 채집으로 먹을거리를 마련해왔던 원시생활에서 가축과 농경으로 그 형태가 전환되면서 정착생활을 하게 됐고, 이때부터 인류문명이 싹텄다고 볼 수 있습니다.

그 중에서도 빵은 인류문명의 발상지중 하나인 이라크 북부 메소포타미아 지역의 수렵인들이 야생에서 쉽게 채취할 수 있는 야생밀을 돌로 갈아 죽 상태 혹은 단단한 반죽으로 먹던것이 발전하여 오늘날의 빵이 되었습니다. 인류가 최초로 먹기 시작한 곡물이 바로 밀이고 빵이었던 것입니다. 따라서 인류문명은 빵과 함께 시작되고 발전해왔다고도 볼 수 있습니다.

빵은 서양 중심의 식문화로 이어져 왔으나 국가간의 교류가 활발해지면서 이젠 동서양을 막론하고 인류 식생활의 가장 중요한 품목으로 자리잡게 되었습니다. 빵의 문제가 해결되지 않고는 인류의 생존도 문화도 이어갈수가 없다는 것을 우리 모두는 잘 알고 있습니다.

인류는 이렇게 중요한 빵을 보다 이상적인 식품으로 발전시키고 안정적으로 공급하기 위해 고대 이집트시대부터 현재에 이르기까지 오랜 기간 제빵법을 연구하고 생산시설을 개선해왔습니다. 전통적인 제빵법에서 기계화에 의한 대량생산과 냉동 · 냉장법에 이르기까지 제빵이론과 제빵기술은 날로 다양하게 발전되어가고 있습니다.

한국제과학교에서는 개교 이래 국내 최초로 제빵이론 교재를 만들어 그 이론을 바탕으로 수많은 기술인을 양성하고 기능사, 기능장 시험의 근간이 되어 왔습니다.

이번에 발간하는 '제빵이론 교과서'는 새롭게 발전된 제빵이론을 보완 하고, 기존의 교재에서 다루지 못한 내용들을 추가하여 제빵분야에 뜻을 둔 학생들에게 도움이 되도록 꾸몄습니다.

학생들은 물론 제빵과 관련된 모든분들께 본 교과서가 제빵분야의 기본 지침서가 될 수 있기를 기대합니다.

끝으로 이 책을 발간함에 있어 여러모로 도움을 아끼지 않고 애써주신 미국소맥협회 한국지부 고원방 대표님과 한국제과학교 홍행홍 이사장님, (주)비엔씨월드 장상원 사장님을 비롯한 임직원 여러분의 노고에 감사드립니다.

저자씀

제 · 빵 · 이 · 론

제1장 제빵 산업 일반

제 2 장 빵의 제법

제1장 제빵 산업 일반

제1절 제빵의 역사와 발달

1. 빵의 기원과 역사

빵의 역사는 9천여 년 전 밀과 보리의 역사와 함께 시작되었다.

이집트를 비롯한 중동 아시아 지역, 지중해 연안 지역에서 채취한 야생의 밀과 보리는 영양가가 높고 수확과 저장이 편리하며, 쉽게 경작할 수 있어 경제활동의 기초가 된 인류 최초의 곡물이었다.

밀은 서아시아가 원산지로 메소포타미아, 이집트, 로마시대를 거쳐 유럽 전역으로 퍼져나가 재배하게 되었으나 호밀은 밀과 달리 추운지역에서도 재배가 가능 하였으므로 중앙아시아를 원산지로 하여 북 유라시아 지역으로 퍼져 호밀빵의 원료로 사용되었다.

고대 세계를 나일강 유역의 고대 이집트 지역과 유프라테스강, 티그리스강 유역에서 지중해에 이르는 비옥한 지역인 메소포타미아 지역으로 나눈다면 이 두 지역은 서로 다른 빵의 역사를 갖고 있다고 하겠다.

메소포타미아에서 밀의 재배는 기원전 6 ~7천년 전에 이미 이루어지고 있었으며 기원전 4천년 경에 메소포타미아 문명의 중심지인 바빌로니아에서는 현재의 빵과는 다르지만 얇고 단단한 무발효로 구운 빵이 만들어졌다. 이 지역의 유목민들은

〈고대 이집트의 곡물경작 벽화〉

지금도 잦은 이동으로 무발효빵을 휴대하고 옮겨 다니는 것처럼 그 시대에도 일정한 곳에 장시간 머물면서 제조해야하는 발효빵을 만들 수 없었다.

유프라테스강에서 시작된 메소포타미아 지역은 점토로 이루어진 지역이므로 밀을 곱게 빻을 수 없어 밀알을 거칠게 부순다든가 원맥 그대로의 상태로 빵이 만들어졌다. 하지만 석재가 풍부하고 석재 가공이 발달된 이집트에서는 밀을 제분하는 것이 훨씬 수월하였다.

기원전 3천년 경에는 맥주와 비슷한 발효음료가 생겨나 발효빵의 역사가 시작된 것으로 볼 수 있다. 빵과 맥주는 같은 원료인 밀로 만들어져 하나는 고형식품인 빵으로 발전하고 다른 하나는 마시는 맥주로 나누어지게 된다.

〈고대 이집트의 여러가지 빵 모양〉

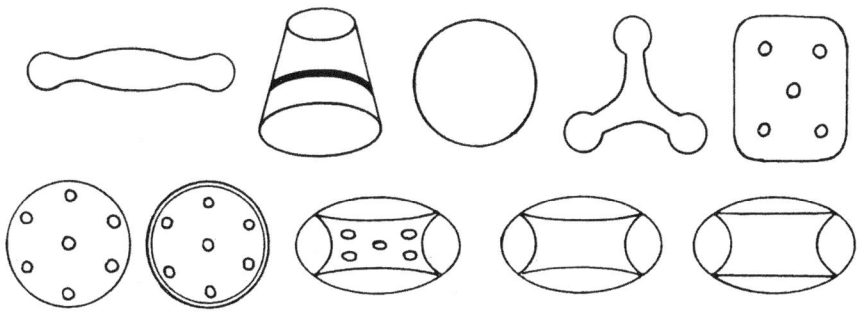

고대 메소포타미아의 빵 만드는 방법은 두 가지로 나누어지는데 즉, 밀이나 보리 가루를 반죽하여 편편하게 무발효빵으로 굽거나 곱게간 가루를 진한 죽 상태로 만들어 이것을 발효시켜 흙 가마에서 구웠다.

한편, 맥주는 기원전 7~8세기에 이르러서는 원료를 대추야자로 하고, 밀은 빵을 만드는 원료로 사용되어진다. 이란, 이라크 등지의 중동지방에서는 지금도 고대의 무발효빵과 유사한 형태로 편편하게 밀어서 굽는 빵이 만들어 지고 있으며 이지역 민족의 주식으로 이용되고 있다.

석재 가공이 발달한 이집트에서 가늘고 긴 돌에 밀을 곱게 갈아 제분하는 방법은 현재의 기계적인 제분법인 롤러를 이용한 제분공정의 원형이라 하겠다. 가늘고 긴 돌 위에 밀을 올려놓고 돌 밀대로 부스러뜨리고 거칠게 부숴진 것을 체로 받쳐 분리시킨 다음 몇 번이고 반복하여 곱게 갈아 사용하였다. 밀기 위해서는 팔의 힘이 자연적으로 앞으로 향하게 됨에 따라 몸 쪽은 높게 앞쪽은 낮게 개량되어져갔다. 시대가 변함에 따라 사람들은 윗부분의 틀과 돌에다 가루를 받치는 그릇을 달아 서 있는 자세에서도 제분 작업을 할 수 있게 되었다.

2. 고대 이집트

고대 이집트에서는 메소포타미아에서 밀과 보리의 재배가 전해진 기원전 4천년 경부터 기원전 1천5백년 사이에 걸쳐 빵만드는 방법이 현저하게 진보되었다. 초기에는 빵을 만들기 위해 허리높이의 둥근판에서 손으로 반죽을 하였으나, 고대 이집트에서는 빵의 소비가 많아져 대량생산이 필요하였기 때문에 발로 반죽하는 방법이 이용되었다.

빵의 모양은 작업하기 쉬운 진 반죽으로 얇게 펴주는 단순한 작업이었다. 이러한 무발효빵은 현재 중동이나 북아프리카, 인도 등지에 그대로 남아 '난'이나 '짜파티'로 만들어 지고 있다. 무발효빵의 특색은 굽기쉽도록 얇고 편편하며 굽는 즉시 먹지 않으면 맛이 급격히 떨어진다. 만드는 방법도 간단해서 반죽을 쉽게 원하는 형태로 만들 수 있었다.

빵을 만들고 남은 반죽은 시간이 지남에 따라 잡균이 번식하여 그 중 유산균이나 초산균에 의해 시큼한 발효빵이 만들어졌다. 이같은 산 생성 반응으로 상한 것 같

〈고대 원반형 빵〉 　　　　　　　　 〈고대 이집트 빵〉

은 반죽이 구워지면 보다 향기롭고 부드러운 빵이 되었으므로 빵 만드는 사람을 마술사처럼 생각하게 되었다.

　고온지대인 이집트는 높은 온도가 발효 속도와 제조과정에 많은 영향을 주기 때문에 빵 제법이 다양해지고, 나중에는 여러 가지 향료와 약초 등이 첨가되었다. 빵은 힘이 좋은 남자들에 의해 대량으로 제조되었으며 주로 삼각형, 원형, 타원형의 세 가지 모양으로 만들어졌다.

　빵의 용도도 다양해져 축제용, 궁중용, 제사용, 환자용, 어린이용 같은 여러 가지 목적을 위한 제품이 만들어졌다. 신에게 바치는 빵으로는 소, 하마 같은 동물모양이나 제사를 위한 여러 형태로 변형되어 만들어졌다.

　죽음을 위로하는 문장 가운데 "나는 보리로 만든 빵과 술을 함께 가지고 가며 이

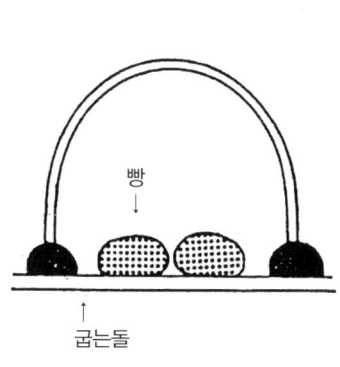

빵

↑
굽는돌

〈메소포타미아, 이집트초기 오븐〉

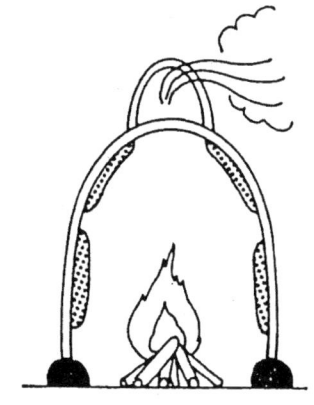

〈이집트 중, 후기 오븐〉

는 신들을 즐겁게 해주기 위해서 이다" 라는 문구에서 보듯이 사후세계를 믿고 있던 이집트 사람들에겐 빵이란 사후의 식품이기도 했다.

이집트의 빵 만드는 법은 메소포타미아에 전해져 여러 가지 종류의 독특한 맛을 내는 재료가 가미되고 다양한 빵으로 발전됨으로써 맛의 변화와 함께 미각에 대한 지식도 상당히 진전되었다. 이집트가 군사대국으로 성장함에 따라 빵 소비량도 크게 늘어나게 되어 빵의 종류도 2백여 종에 달했으며 오븐도 초기의 것에 비해 엄청나게 커졌다.

현재 우리가 사용하는 오븐은 고대 인류의 불에 대한 집념과 불을 보존하고자 하는 노력에 의해 얻어진 것이라 하겠다. 초기의 오븐은 뜨겁게 달구어진 공간위에 돌을 올려놓고 양쪽 측면과 뒷면을 점토나 돌로 막아 열을 가두는 공간을 만든 모양이 종 모양을 하고 있어 벨형 오븐이라고 한다. 이러한 형태는 인류 조상이 만들어낸 최초의 원시적인 것으로 메소포타미아, 이집트, 중앙아시아, 중국 등지에서 사용되었다.

지면 바닥에 깔린 돌에 나무를 올려놓고 불을 붙여 뜨겁게 달군 다음 충분히 뜨거워지면 불을 끌어내고 그 위에 반죽을 얹어 밑판의 열과 천장에서 복사되는 열에 의해 굽는다. 나중에는 일일이 불을 끌어내지 않고 불을 때면서 굽는 방법으로 발전하였다.

오븐 앞면에서 빵을 넣고 꺼낼 수 있도록 입구를 비교적 크게 만들어 내부를 들여다 볼 수 있도록 하였다. 달구어진 가마 안쪽 벽에 반죽을 붙이면 반죽은 구워지면서 내부에서 팽창된 기체에 의해 부풀게 되고 벽면에 눌러 붙는 반죽에 구멍을 뚫어 굽기도 하였다. 이 방법은 현재 중동과 인도에서 난이나 짜파티를 굽는 방법과 거의 같다고 하겠다.

고대 이집트에서는 오븐의 형태가 다양하게 변하여 돌을 쌓아 내부에 공간을 만들어 불을 지피는 초기의 것에서부터 큰 돌부터 순차적으로 피라미드처럼 쌓아올려 내부공간에서 굽는 형태로 변하였고, 돌의 크기에 따라 굽는 면적을 크게 또는 작게 만들어 소형 이나 대형 빵등 빵의 크기와 발효빵이나 무발효 빵 같은 빵의 종류에 따라 다양하게 사용되었다.

3. 고대 그리스

메소포타미아와 이집트에 의해 발달된 고대의 빵은 유럽 대륙과의 연결지점에 위치한 그리스 문화에 전달된다. 에게해 주변과 동부 지중해를 중심으로 유럽 문명에 있어서 선구자적인 그리스는 해상무역을 통해 이집트의 앞선 문화와 제빵법을 받아들이게 된다. 빵 제법 뿐만 아니라 평야지대가 거의 없어 원료인 밀도 함께 수입하였다.

〈그리스 시대 오븐〉

당시 그리스 사람들은 빵을 불속이나 뜨거운 재속에서 구웠는데 이는 이집트 제빵법에 비하면 아주 뒤떨어진 방법이었다. 이는 역사적으로 보면 스위스 호수 주변에 거주하던 민족이 초기에 빵을 굽는 방법과 유사했다.

그리스에서는 빵과 과자를 다르게 분류하였고 다양한 품질의 제품을 만들기 위한 발효액의 배양도 시작하였으며, 빵 제조 기술자에 대한 훈련과 품질관리 규정에 의해 크기와 형태, 맛이 균일화된 제품이 제조되었다.

4. 로마 시대

고대 그리스에서 발전된 발효빵의 제법과 기술은 상업화와 함께 고대 로마 시대로 이어져 황금기를 맞게 된다. 이는 역사상 가장 강력한 군사력을 배경으로 한 문화의 비약적 발전에 따라서 이루어졌다.

경제력 발전과 더불어 빵의 수요도 한층 증가되어 로마시대의 제빵 업자들은 상업적 자치 단체인 길드 (Guild)를 형성하였으며 제빵업이 크게 번성하게 된다. 기원전 312년에는 로마 시내에만 254개 업소의 점포가 있었고, 직업훈련원도 운영되어 엄격한 품질관리가 이루어졌다.

해외출병 등으로 수요가 증가되어 빵의 대량생산이 필요하게 되고 일손이 부족해짐에 따라 노예가 충당되었다. 또한 종교의식에 따른 빵이나 과자의 공급도 많아졌다. 당시의 빵은 대부분 원형으로 중앙에 두 쪽으로 나누는 선이 있거나 윗면에 십자형으로 자른 선이 있는 것들이 많았는데, 이것은 빵을 떼어먹기 쉽도록 하기위한 배려였으며 그리스도 교회에서는 신께 신앙심을 나타내는 표시이기도 했다.

〈고대 로마시대의 빵〉

밀은 대부분 이집트에서 수입하였고 대부분의 제빵업자는 제분업을 겸하였으며, 차츰 로마제국의 식민지였던 서유럽의 광대한 지역에서 밀이 들어오게 된다. 따라서 로마의 빵 만드는 방법이 서유럽에 큰 영향을 미치게 되었다.

로마는 빵의 수요가 많아 제분도 대규모로 하여야 했으므로 소나 말의 힘을 이용해 크고 무

〈5~6세기 봉헌용 빵〉

거운 원형 맷돌을 설치하고 두개의 맷돌 사이에서 밀을 부수는 작업을 반복하여 곱게 제분하였다. 이러한 제분법과 로마식 제빵법은 로마제국의 멸망 이후에도 수백년간 그들의 식민지였던 서유럽과 영국 등에서 계속 이용되었다. 그러나 빵을 굽는 오븐은 18세기까지도 새로운 공학적 원리는 전혀 이용되지 못했다.

로마시대의 유명한 제빵 기술자인 벨리기우스의 묘지에서 발굴된 그림에 의하면 당시의 빵을 만드는 순서는 밀을 매입하여 품질검사를 거친 후 돌 맷돌을 이용하여 제분하였다. 공기를 이용하여 이물질을 제거하고 반죽은 원통형 믹싱 장치를 사용했으며 동력으로는 말을 이용했다. 이는 현재의 제빵 믹서의 원조라고 할 수 있다. 반죽을 성형하고 돌 오븐에서 구워낸 후에 엄격한 제품검사를 거쳐 시판 되었다.

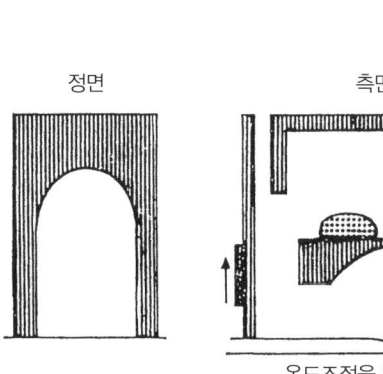

정면　　　　　측면

온도조절을 할 수 있었음

〈로마시대 오븐〉

5. 중세

로마제국이 망한 후 약 천년에 달하는 중세의 제빵 기술은 시대에 따른 발전과 진보가 없었으나 교회나 귀족사회에 조용히 계승되어 이태리의 문예부흥과 함께 새롭게 펼쳐졌다.

〈B.C 10세기경의 빵〉

중세는 새로운 국가를 형성해 나간 시대였으므로 특정 지역의 빵으로 서서히 갖추어진 기본적 형태와 특징이 나라의 대표적인 빵 (National bread)으로 정착하게 된다. 이태리빵이라든가 프랑스빵 또는 영국빵 이라고 불리워지기 까지는 기나긴 중세를 거쳐 인구밀도가 높은 대도시를 중심으로 그 나라 국민에 맞는 빵이 만들어짐으로써 자리 잡게 된것이다.

〈B.C 12세기경의 빵〉

12-13세기에 프랑스에서는 자가 제조용 빵 굽는 오븐의 사유화를 허용함에 따라 한나라 안에서도 각 지방의 제품의 특색이 나타나기 시작 했으며, 각 가정에서 빵이 구워짐에 따라 빵의 다양화가 교회나 귀족 중심에서 가정으로 자리잡게 되었다.

14세기에는 제빵 기술 연수기관이 국가에 의해 설치되고 품질과 중량을 검사하

〈제분공장의 모습〉

〈빵굽는 기술자〉

는 규정이 있었다. 특히 중량에 대한 검사는 엄격해서 지금도 유럽 여러 나라에서는 빵의 가치와 가격을 중량을 가지고 정하는 풍습이 전해진다. 이때부터는 일정한 기간을 지나 기술을 습득한 사람이 조합원이 되는 제도가 만들어져 유럽의 빵 조합을 만드는 기초가 되었고, 현재는 나라마다 확고하게 자리 잡은 기술자 육성과 취업에 이르기 까지 모든 것을 총괄하는 합리적인 조합으로 발전 되었다.

14세기 말부터 16세기에 걸쳐 이태리에서 시작되어 유럽전역으로 확대된 르네상스는 이태리의 빵 제조법이 메디치가의 왕족 결혼에 따라 프랑스로 전달되고 오늘날의 유럽빵의 기초가 되었다. 이보다 훨씬 전에 고대로마가 바다를 거쳐 영국에 전한 제빵법이 이태리와 더불어 발전하였고, 영국빵은 신대륙인 아메리카에 전달되어 전통으로부터 벗어나 합리화와 대량생산으로 설탕과 유지가 사용된 부드러운 아메리카빵이 만들어 지기 시작했다.

밀의 생산은 유럽의 서남부가 경작하기에 알맞아서 헝가리, 오스트리아, 스위스, 프랑스, 남부독일, 영국 등지에서 재배되었고 북부 독일지방이나 스칸디나비아 반도, 러시아 등의 추운 지역은 호밀이 재배되어 흑빵인 호밀빵이 제조되었다. 이처럼 빵의 역사는 오랜 세월에 걸쳐 풍토와 기후에 따라 변화하며 다른 문화와 사회에 크나큰 영향을 주었다.

6. 근 대

〈19세기 독일의 빵제조〉

중세에 만들어진 빵의 형태에서 몇 가지는 현재까지 이어져 오지만 대부분의 우수한 제품들은 근대에 이르러서 창안되고 만들어졌다. 빵 기술의 진보가 없었 던 중세에 비해 근대에 이르러서는 전동식 믹서와 개량된 오븐의 등장으로 눈부신 기술적 발전이 이루어졌다.

서유럽에서의 기계 믹서는 19세기 말에 이르러 전기 발동기가 도시에서 이용되고 지방에서는 석유발동기가 사용됨에 따라 대부분의 업소에서는 기계믹서를 사용하게 되었다. 1차 세계대전 이후에는 모든 기계의 급속한 발전이 이루어져 기계 믹서에도 저속, 중

〈19세기 빵공장〉

〈19세기 빵집 풍경〉

속, 고속의 속도 변화가 가능해짐에 따라 시간단축과 제품의 부피향상, 균일성 등 모든 부분에서 질적 향상을 가져왔다.

오븐 역시 개선되어 입구에서 연소로 발생하는 열기가 장치를 따라 굽는 공간으로 보내지고 연통으로 배출되는 방식으로 진보되었다. 장작에 의해 가열되기 시작한 오븐은 20세기에 들어서는 석탄이나 코오크스를 태워 빵을 굽다가 점차 석유나 가스를 열원으로 사용하다 지금의 전기오븐이 탄생하였다.

7. 한국의 빵 역사

우리나라는 쌀과 찹쌀을 주 재료로 꿀이나 엿과 같은 감미재료와 결합하여 전통적으로 만들어온 강정, 산자 등의 유과와 다식, 엿강정 등의 한과, 그리고 떡이 있었으나 서양의 빵과는 개념이 다른 식품이다. 우리나라에서 최초로 빵을 만든 사람은 1628년 제주에 표류한 네델란드 사람인 박연으로 30년간 조선에 살면서 서양 과자인 마른떡을 만들어 먹었다고 한다. 이후 하멜 일행이 제주도에 표류하여 전라 병영에 억류 중 배급된 밀가루로 빵을 만들어 먹었다는 기록이 남아있다.

빵이 본격적으로 소개된 것은 구한말 중국을 거쳐 비밀리에 입국한 프랑스 선교사들에 의해서였으며, 밀가루에 누룩과 소금을 넣고 반죽하여 따듯한 곳에서 발효시킨 반죽을 숯불을 피운 위에 시루를 뒤집어 엎고 그 위에 올려놓은 다음 다시 항아리로 덮어 시루와 항아리 사이에 가두어진 뜨거운 열기에 의해 빵을 구웠다. 당시에는 프랑스빵의 모양이 소의 고환과 비슷하여 우랑떡 이라고 불렀다. 이후 중국식 표기로 빵을 면포라고 하였으나 스페인어에서 유래된 빵이란 말이 우리나라와 일본에서 공통으로 사용되게 되었다.

빵과자가 상업적으로 만들어진 것은 1902년 손탁호텔에서 한국최초의 국제 사교 클럽인 정동구락부를 통해 각종 양과자를 제조하여 판매한 것이 시초이다.

한일합방 이전에 일본인 과자점이 운영되었으나 합방 이후 박람회에서 대규모 과자전시회를 열면서부터 본격적으로 과자점 시대에 진입하였다. 광복 전인 1943년에는 일본인 과자점이 511개 업소가 있었다.

2차 세계대전 중에는 통제경제로 모든 원료는 배급을 통해서만 구할 수 있었으므로 밀가루가 모자라자 온갖 잡곡가루와 대두박을 밀가루에 섞어 빵을 만들었고, 단팥빵의 충전물인 팥을 구할 수 없어 도토리로 앙금을 만들기도 하였다. 광복 후에는 원조물자로 들여오는 밀가루에 의존하였으나 1968년부터는 대한제분에서 경질 춘맥을 수입하여 만든 강력분이 빵에 본격적으로 사용되기 시작했다.

제 2 절 빵 제품의 분류 및 특징

1. 분류

빵의 분류는 특성에 따라 여러 가지로 나눌 수 있다. 빵을 외부 껍질색에 따라 분류하면 세 가지로 분류할 수 있는데 가장 보편적인 갈색의 빵, 찐빵처럼 하얀색의 빵, 펌퍼니클 처럼 진한색의 흑빵으로 나눌 수 있다.

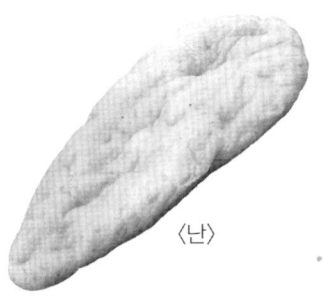
〈난〉

가열 형태로 분류하면 오븐에 굽는 굽기류, 도넛이나 크로켓처럼 뜨거운 기름에 튀기는 튀김류, 물을 끓인 수증기를 이용한 찐빵 같은 찜류로 나눈다.

재료 배합율에 따라 분류하면 고율배합의 소프트 타입과 빵의 기본재료인 밀가루, 물, 소금, 이스트를 주재료로 한 저율배합의 하드 타입의 빵으로 나누기도 한다.

〈팬 브레드〉

빵을 팽창의 형태로 분류하면 이스트를 사용하여 제조하는 발효빵, 이스트를 사용 하지 않은 짜파티나 난 같은 무발효 빵, 버터스틱처럼 화학팽창제를 이스트와 함께 사용하는 퀵브레드로 분류하기도 한다.

〈하스 브레드〉

가장 일반적인 분류 방법의 첫 번째는 식빵류로 식빵도 다시 식빵 팬 이나 풀먼 팬을 사용한 미국식 식빵과 일정한 팬이 없는 유럽식 저율배합의 하스 브레드로 나눌 수 있으며, 사용하는 재료에 따라서도 전밀빵, 호밀빵, 건포도식빵, 옥수수식빵 등으로 세분된다.

두 번째로는 과자빵류로 이는 식빵과는 달리 주식 보다는 간식의 의미가 크므로 설탕이나 유지가 고율로 배합되어 있고, 단팥이나 소보로, 크림 같은 토핑이나 필링을 사용한 소보로빵, 단팥빵, 크림빵 등이 있으며, 이외에도 미국식 과자빵인 스위트롤, 커피케이크 라든가 유지 사용량이 많은 데니시 페이스트리 등을 들 수 있다.

세 번째로는 조리빵류로 조리빵도 크로켓이나 피자처럼 튀기거나 구워 한번에 제품으로 완성한 조리빵과 빵을 먼저 제조한 후 내용물을 결합시킨 햄버거, 샌드위치 같은 두 가지 형태로 다시 나눌 수 있다.

마지막 분류로는 특수빵으로 일반 제품과는 제조공정이 위의 세 가지 범주에 포함되지 않고 다양한 다른 형태의 제품으로 찐빵처럼 찌거나 두 번 굽기를 하는 브라운 앤드 서브 롤 같은 형태의 제품을 총칭한다.

2. 제품별 특징

가. 건포도 식빵 (Raisin bread)

이집트인들은 기원 전 2,000년부터 건포도용 포도를 재배했으며 일부 중동 지역에선 세금을 건포도로 지불했다고 한다. 현재는 미국의 켈리포니아 지방과 지중해 연안에서 많은 양이 생산된다.

미국 건포도는 켈리포니아의 산 조아킨 지역에서 금을 캐기 위해 모여든 정착민들이 재배한 톰슨의 씨 없는 포도 (Thompson seedless grape)를 말린 것이 미국 건포도의 95%를 차지하게 되었다.

건포도는 빵의 풍미를 개선할 뿐만 아니라 소비자의 기호를 높여주며, 미국에서는 건포도 식빵이란 밀가루 무게에 대해 50% 이상의 건포도를 사용한 것을 말한다.

좋은 제품의 건포도빵을 만들기 위해서는 건포도가 반죽에서 충분한 수분을 지속적으로 보유하게 하기 위해 전처리를 한다.

(1) 건포도의 전처리

건포도가 다시 수분을 흡수하게 하는 것을 전처리라 하며 물에 담가 전처리 하면 건포도내의 70%나 차지하는 당분이 물에 녹아 손실이 발생하므로, 건포도 무게의 12% 분량의 27℃ 물로 버무려 비닐 백 등에 4시간 방치 하거나, 건포도에 27℃의 물을 적신 후 체로 걸러서 물을 뺀 후 4시간 동안 방치 하여 중간에 한번 뒤집어준다. 다만 오일코팅한 건포도는 기름의 피막이 건포도의 수분과 풍미를 시속해서 보유하는 작용이 있으므로 전처리를 할 필요가 없는 장점이 있으나 오래 동안 저장할 경우에는 기름의 산패로 인하여 건포도의 풍미를 해칠 우려가 있다.

(2) 건포도 조성 및 저장

조성은 고형분 약 85%, 수분 약 15%, 당분이 대략 70%, 주석산 약 2%로 되어 있으며, 사과산과 주석산이 신맛을 내며 칼슘과 칼륨이 많은 알칼리성 식품이다.

장기간 저장 시에는 5℃ 이하의 온도에서 상대습도 50%로 보관하는 것이 바람직 하며, 높은 온습도에 장시간 노출되면 건포도 과육 속의 당분이 결정화되어 건포도 외관을 나쁘게 한다.

(3) 전처리의 이점

전처리 되지 않은 건포도는 제품에서 수분을 흡수해 식빵의 내상이 건조하게 되나, 전처리를 하면 건포도와 빵과의 결합이 좋아지고 풍미와 맛을 다시 회복 하게 된다. 또한, 전처리 전엔 건포도내 수분이 약 15%이지만 전처리 후에는 약 25%로 증가하므로 건포도를 10% 더 사용한 것과 같은 효과를 얻을 수 있다.

(4) 공정상의 유의점

반죽을 완전히 발전시킨 후 마지막에 건포도를 넣어 믹싱에 의한 손상이 없도록 하며 건포도가 반죽에 고루 분산되면 믹싱을 완료한다.

믹싱 초기에 건포도를 넣으면 건포도가 으깨져서 반죽에 얼룩이 생기거나 거칠어져 정형이 어렵게되고, 발효과정에서 건포도의 당분에 의해 이스트 활력이 저해되며 제품의 껍질색이 너무 진해진다. 따라서 가스빼기를 위한 밀어펴기 작업도 건포도가 터지지 않도록 약간 느슨하게 하여야 하며, 기계적 생산일 경우에는 몰더의 롤러 간격을 넓혀 건포도의 파손을 최대한 줄여야 한다.

나. 과자빵 (Sweet goods)

정식 식사 외에 간식으로 먹는 기호식품의 빵으로 식빵에 비해 설탕, 유지, 계란 등이 고율로 포함된 제품들이며, 사용하는 재료에 따라 소보로빵, 단팥빵, 크림빵, 모카빵 등이 있다. 이는 일본에서 전해진 것들이 많으며 팥을 싫어하는 서양의 대표적인 과자빵으로는 스위트 롤, 커피케이크 등이 있다.

(1) 재료사용

강력분을 사용하거나 식감을 좋게하기 위해 강력분에 15% 내외의 박력분을 첨가하기도 한다. 설탕은 20% 내외로 사용하며 이스트는 설탕 사용량이 많아짐에 따라 사용량을 약간 증가 시킨다. 유지는 10~12%를 사용하므로 작업성을 좋게 하고 식감을 부드럽게 하며 제품의 노화를 늦출 수 있다.

계란은 30%를 넘지 않는 범위에서 사용하여야 반죽의 결합력이 약해지는 것을 방지할 수 있다.

(2) 믹싱 방법

일반적으로 소규모로 제조할 경우에는 스트레이트법을 사용하고 대규모의 기계적 생산을 위해서는 스펀지법으로 믹싱 한다. 미국의 경우에는 설탕, 유지를 크림화 하면서 계란을 나누어 넣은 후, 이스트를 넣고 물을 첨가한 후 마지막에 밀가루를 넣어 믹싱을 짧게 하는, 제과에서 주로 이용하는 크림법을 사용하기도 한다.

(3) 분할 및 정형

일반적인 과자빵은 30~60g으로 분할하여 모양이나 충전물을 다양하게 하여 제조한다. 스위트 롤은 1~2.5Kg으로 분할한 막대형을 다시 다양하게 정형하고, 밀어펴는형은 접거나 말아서 모양을 만들고, 데니시 처럼 3겹 또는 4겹으로 접어 정형하거나 트위스트처럼 꼬는 형태의 다양한 정형 방법으로 만든다.

커피케이크는 개당 무게가 240~360g으로 과자빵 중에서 가장 크며, 이스트에 의해 발효를 시키는 제품으로 빵이면서도 유일하게 케이크로 부른다. 커피와 함께 먹는 제품으로 스위트 롤과의 차이점은 커피케이크는 스위트 롤 보다도 더 고율배합으로 필링과 토핑이 다양하고 제품의 크기가 크고 노화가 느린 특징이 있다.

(4) 2차발효

온도 38℃, 상대습도 85%를 기준으로 하나 겨울처럼 실내 온습도가 낮은 경우에 과자빵은 식빵보다 단위 무게에 대한 표면적이 크기 때문에 수분의 증발과 반죽의 온도가 손실되기 쉬우므로 식빵보다 온습도를 약간 높게 한다.

발효시간은 발효실 내의 제품 수, 제품의 모양 등에 따라 다르나 이스트 사용량이 많거나 발효실의 온습도가 높거나 반죽온도, 작업실 온도가 높으면 짧아진다.

(5) 굽기 온도

반죽의 배합율, 반죽의 되기 및 숙성정도, 반죽량의 크기, 정형의 형태, 충전물, 토핑의 종류 및 되기에 따라 굽는 온도가 변화하나 소형 과자빵은 10분 내외로 굽는 것이 이상적이며 굽기 전에 표피가 건조하면 껍질색이 나쁘게 된다.

자연대류식 데크오븐 사용 시 아랫불은 약하게 하고 윗불을 강하게 하여 굽는 것이 제품의 식감 개선과 노화 지연의 효과를 얻을 수 있다.

다. 데니시 페이스트리 (Danish pastry)

오스트리아의 비엔나에서 처음 시작한 제품이 비운의 왕비 마리 앙뚜아네뜨에 의해 프랑스에 전해져 현재와 같이 층이 있는 제품이 되었다. 덴마크에서는 비엔나 브레드라 하며 파이용 유지로 품질이 좋은 덴마크 버터를 사용하여 완성되었기 때문에 데니시 페이스트리라 불리운다. 미국에서는 스위트 도 반죽에 가소성 유지를 결합시켜 만들기도 한다. 따라서 스위트 롤 정형 방법과 데니시 페이스트리 정형 방법은 유사한 점이 많다.

처음 만들어진 오스트리아에서는 코펜하겐 나프룬더, 프랑스에서는 가또 다누 아즈, 독일에서는 데니샤 프룬더 라고한다.

데니시 페이스트리는 충전물, 성형과 장식을 변화시켜 다양한 제품을 만든다. 충전물로는 커스터드크림 같은 크림상의 재료나 아몬드, 각종 과일류처럼 다양한 고형상의 재료가 사용된다.

(1) 재료 사용

강력분은 제품의 부피를 좋게 하지만 식감을 좋게하기 위해 중력분을 섞거나 강력분에 박력분을 30~50% 정도 섞기도 한다.

설탕사용량은 16% 정도로 높으나 껍질색을 제대로 내기 위해 최저 5% 이상 사용한다.

계란은 제품의 맛과 껍질색에 영향을 주며 반죽용 유지가 많은 경우에는 유지에 비례하여 사용량을 많게하고, 이스트 사용량이 많을 경우에는 우유를 사용하여 이스트 냄새를 없애준다. 소금의 사용량은 롤 인 유지가 가염인 경우에는 반드시 사용량을 줄여야 한다. 반죽에서의 롤 인 유지의 되기는 반죽과 비슷하거나 약간 더 된 것이 바람직하다.

유지가 너무 단단하면 밀어펴기에서 반죽이 찢어지고 너무 부드러우면 유지가 흘러나와 층이 형성되지 않는다. 이러한 롤 인 유지는 10~13℃ 정도의 온도 범위에서 밀어펴기에 적합하도록 가소성을 지녀야한다.

(2) 믹싱과 휴지

믹싱은 오버나이트법이나 손작업, 기계작업, 밀고 접기의 횟수 등에 따라 차이가 있으나 손으로 밀대를 이용하여 작업하는 전통적인 경우에는 짧게 하고 파이롤러를 이용하는 경우에는 오래 믹싱하기도 한다.

믹싱이 너무 짧으면 제품의 결이 나빠지고 너무 오래 믹싱 하면 수축이 일어나 작업성이 나쁘다.

일반적인 발효빵 제품과는 달리 발효에 의한 풍미가 크게 요구되지 않고 냉장 휴지의 공정이 있으므로 반죽온도는 일반 빵에 비해 낮다.

(3) 냉장 휴지

반죽을 휴지하는 것은 작업 중에 부드러워진 유지가 굳어져 결을 형성하게하고 짧은 믹싱으로 부족한 밀가루의 수화를 도와 반죽의 끈적임을 방지한다.

반죽의 온도와 작업실의 온도에 따라 냉장 또는 냉동으로 휴지시켜 작업성을 좋게 한다. 반죽에 사용하는 유지 양이 적으면 반죽온도를 밀어펴기에 알맞게 조절한다. 충전용 롤 인 유지와 반죽온도와 되기가 맞아야 다음 작업에서 유지의 결 형성을 돕고 작업할 때 끈적거리는 것을 막는다.

(4) 밀기와 접기

반죽을 정사각형으로 만들어 크기에 맞추어 롤 인 유지를 부드럽게 하여 비스듬히 틀어서 반죽 윗면에 얹고 보자기로 싸듯이 한다. 파이롤러를 사용할 경우에는 5~10kg 정도로 분할하여 두께가 일정하도록 밀어 펴서 직사각형 모양이 유지되도록 작업해야 반죽 손실을 최소화 할 수 있다. 달라붙지 않도록 덧가루를 적절히 사용 하고 접기 전에 반드시 붓으로 털어낸다. 덧가루는 수화되지 않은 밀가루이므로 반죽을 단단하게 하고 제품의 풍미를 나쁘게한다.

접기를 하여 냉장고에서 휴지시키고, 다시 접는 작업을 3~4회 반복하여 실시하고 마지막 밀기에는 정형하고자 하는 제품의 두께를 고려하여 알맞게 조절하며, 도구를 이용해 자를 때에는 자른 단면의 층이 뭉개지지 않도록 한번에 깨끗하게 잘라내어야 한다.

〈파이롤러〉

〈파이롤러 성형기〉

(5) 2차발효와 굽기

2차발효 온도는 롤 인 유지의 융점보다 5℃ 낮은 것이 바람직하다. 습도도 75% 정도로 낮게 하여야 하며 만일 온도가 너무 높거나 오래 발효시키면 유지가 녹아 흐르게 된다. 발효가 완료되기 조금 전에 꺼내어 표피를 건조 시킨 후 계란 물칠을 골고루 하고 반 정도 마른 상태에서 약간 높은 온도로 굽는다.

너무 낮은 온도로 구우면 반죽은 심하게 부풀게 되고 껍질 형성이 늦어져 롤 인 유지가 녹아 철판위로 흘러내린다. 토핑이 있는 경우에는 굽는 온도가 낮으면 제품의 색이 나빠진다.

라. 조리빵

세계의 여러 나라는 각각 나름대로 특유의 조리 빵을 갖고 있다. 영국은 18세기에 샌드위치 백작이 식사 시간을 아껴 트럼프 놀이를 계속하기 위해 얇게 썬 빵 사이에 고기와 야채를 넣어 먹기 시작하여 샌드위치가 만들어졌다.

미국에서는 뜨거운 소시지를 기다란 빵에 넣어 먹는 핫도그와 동그란 빵에 얇게 썬 햄버그 스테이크와 양파를 넣은 햄버거가 대표적인 조리 빵이 되었다. 이외에도 빵 반죽이나 파이 반죽에 필링을 채우고 굽거나 튀긴 러시아의 피로슈키나 빵 반죽 위에 토마토소스와 각종 토핑을 얹고 모짜렐라 치즈로 덮어 구워낸 이태리의 피자 등이 그 나라를 대표하는 조리빵이다.

조리빵의 종류로는 반죽에 야채나 햄 등을 썰어 넣어 만든 런치빵, 민스민트빵 등이 있으며, 반죽으로 말거나 싸는 소시지 롤, 햄 롤 등의 형태와 빵 제품에 조미된 충전물을 넣는 햄버거, 샌드위치 등의 3가지 형태로 나눌 수 있다.

마. 피 자 (Pizza)

1700년 경에 이태리에서 빵 위에 토마토를 얹어 조미하여 먹기 시작한 것이 피자다. 바닥이 얇은 나폴리 타입과 발효된 빵반죽 위에 토핑한 현재의 일반 피자와 같은 두꺼운 모양의 시실리안 타입으로 발전 하였다.

이태리에서 생산되는 햄, 소시지, 야채 등을 사용해 만들었으나 미국에 이민 온 이태리 사람들에 의해 미국식으로 변하였고, 재료의 냉동 · 냉장보관 유통이 일반화 되는 콜드 체인이 이루어지면서 미국에서 가장 인기 있는 조리빵의 하나가 되었다.

(1) 재료 사용

빵 반죽은 저율배합으로 유지는 올리브유를 사용한다. 유지 사용량이 너무 적으면 반죽의 흐름성이 나빠서 밀어펴기가 좋지 않으므로 적절히 사용하여 토핑의 소스가 스며드는 것도 방지한다.

물 사용량을 적게하여 일반 반죽보다 되게하며 소금도 1.5%로 적게 넣어야 토핑의 짠맛을 상쇄시킨다. 밀가루는 단백질 함량이 높은 것을 사용하고 필요에 따라 활성 글루텐을 첨가할 수도 있다.

반죽제조에 옥수수가루나 분말치즈, 마늘가루, 오니온 파우더 등이 사용되기도 한다.

(2) 토핑과 굽기

반죽 위에 얹는 것으로는 토마토 퓨레, 토마토 페이스트, 토마토 소스 등을 여러 가지 향신료와 섞어 만든 피자용 소스를 바르고 잘게 다져 양념한 돼지고기, 쇠고기, 소시지, 햄, 페파로니, 양파, 양송이 등을 얹거나 특색 있는 재료를 얹는데 따라 그 종류와 명칭도 다양하다. 피자 특유의 쫄깃한 성질은 모짜렐라 치즈를 사용하여 얻어진다. 사용하는 향신료로는 오레가노, 베이질, 후춧가루, 마늘가루 등이 있다.

소비자의 주문에 따라 바로 만들어지므로 일반적으로 토핑 후 2차발효는 생략되고 높은 온도로 짧은 시간에 윗 불을 높게 하여 굽는다.

바. 크루아상 (Croissant)

빵의 모양이 초승달 모양인 것은 오스트리아와 터어키의 전쟁중에 새벽에 터어키 군대가 터널 파는 소리를 부지런한 빵 기술자가 듣고 알려서 오스트리아 군이 승리한 것을 기념으로 터어키 국기의 초승달 모양의 제품을 만들어 먹기 시작 했다.

제조 방법은 데니시 페이스트리와 같으나 크루아상은 조리빵이므로 설탕 사용량이 식빵처럼 낮고 유지를 제외한 재료 사용이 단순하다.

프랑스에서는 처음에 파이반죽으로 제조했으나 현재는 발효할 때 발생하는 탄산가스의 층과 유지사이에 들어있는 수분의 팽창에 의한 두가지 층으로 이루어졌다.

윗면에 쵸콜릿이나 퐁당을 바르거나 아몬드 슬라이스를 얹어 굽기도 한다.

조리빵으로 사용하기 위해 크루아상을 반으로 자르거나 주입기를 이용해 내부에 계란, 햄, 야채, 치즈 등을 충전하기도 한다.

사. 소프트 롤 (Soft roll)

롤 또는 번은 제품의 무게가 1/2 파운드 이하 즉, 225g 이하의 소형 제품을 말하며 반죽할 때 유지를 많이 사용하여 빵 껍질이 부드러운 소프트 롤과 유지를 넣지 않거나 소량을 넣은 저율배합으로 껍질이 딱딱한 하드 롤이 있다.

식사용 테이블 롤과 조리빵인 햄버거 번, 핫도그 번 등이 이에 속한다. 빵을 가로로 자를 때에 마지막 부분이 붙어있어 경첩과 같은 역할을 하는 것을 돕기 위해 활성 글루텐을 사용하거나 반죽의 팬 흐름성을 돕기 위해 단백질 분해 효소인 프로테아제를 사용하기도 하고, 흡수력이나 수분 보유력 향상을 위해 활성 대두분을 사용한다.

반죽의 신장성을 좋게하기 위해 충분히 믹싱하며, 2차발효의 온도와 습도를 높게 하여 팬 흐름성을 좋게하고 높은 온도로 단시간에 구워낸다.

아. 하드롤 (Hard roll)

빵의 껍질이 바삭하고 딱딱한 제품으로 비엔나 롤, 프렌치 롤, 카이저 롤 등이 있다. 프랑스빵에 비해 무게가 40~60g 으로 적고 바게트에 비해서는 배합율이 약간 고율이다. 물 사용량은 60% 이하로 약간 된 반죽에다 설탕, 유지, 분유, 계란 등을 2% 정도 사용하기도 한다.

반죽온도를 약간 낮게 하여 오래동안 발효를 시켜야 하고 대부분 공처럼 둥글게 정형하며, 2차발효의 온도와 습도를 낮게 하여 굽기 직전에 발효실에서 꺼내어 표피를 약간 건조하게 한 후 칼집을 내고 스팀을 주입하여 높은 온도에서 굽는다.

자. 전립분빵 (Whole wheat bread)

전립분이란 밀의 내배유 부분만 추출한 것이 아닌 밀 전체를 갈아 만든 통밀가루 또는, 그레이엄 밀가루로 불리우며 곱게 갈은 것, 중간 정도로 갈은 것, 거칠게 빻은 것으로 나눌 수 있다.

미국의 그레이엄 박사가 장려했듯이 껍질 부위의 풍부한 섬유질과 단백질, 비타민 등의 영양을 고르게 섭취할 수 있는 장점이 있다.

빵의 구조를 약하게 하지 않는 범위 내에서 가능한 최대의 수분을 가하고 반죽온도는 낮게 유지한다. 윤활작용을 높이기 위해 유지 사용량을 증가하고 믹싱 내구력이 약하므로 활성 글루텐이나 반죽 개량제 등을 넣을 수 있다.

오븐 스프링이 작으므로 2차발효를 충분히 시켜 낮은 온도로 오래 구움으로 부피와 껍질 색을 좋게 한다.

차. 호밀빵 (Rye bread)

흑빵이라고도 불리우며 현재에는 세계적으로 100% 호밀만을 사용한 제품은 없고 다만 독일의 로겐 브로트는 70%의 호밀을 사용하나 일반적으로는 10~30%의 호밀과 70~90%의 밀가루와 혼합된 제품이 만들어진다.

호밀은 북부 유럽처럼 밀의 재배가 어려운 추운지방을 중심으로 생산되어 제분의 정도에 따라 흰 호밀가루, 중급 호밀가루, 어두운 색 호밀가루, 라이밀 또는 펌퍼니클이라 불리우는 것의 네 가지 종류로 나눌 수 있다. 흰색 호밀가루는 어두운 색을 띠는 것보다 단백질 함량이 절반에 가깝게 적다.

(1) 재료 사용

호밀가루는 호밀빵에 독특한 맛과 조직, 외관을 위해 사용하며, 호밀에는 펙틴 함량이 높아 오래 믹싱 하면 끈적이는 반죽이 된다. 밀가루를 섞으므로 제품은 구조 형성력이 좋아지고 가스 보유력을 높일 수 있다. 호밀가루는 펙틴 함량이 많아 흡수율이 높으나 반죽은 되게 하여야 한다. 이스트는 1~2%로 적은 양을 넣어 터지는 것을 방지하고 호밀 사용비율이 많을수록 이스트 사용량은 낮춘다. 사워종으로 만드는 독일의 호밀빵은 특유의 신맛을 내며 한번 초종을 만들어 두면 계속해서 사용이 가능하고 여러 가지 방법으로 나름대로 독특한 사워종을 만들 수 있다.

(2) 제조 공정

믹싱은 짧게하여야 하나 너무 짧으면 기계적성도 나빠지고 오븐 스프링도 좋지 않게 되며 지나치면 끈적거리고 부피도 작으며 제품의 윗면이 평평해진다. 반죽온도는 식빵에 비해 낮으나 호밀 사용 비율이 높아지면 반죽 온도는 더 낮아야 한다.

1차 발효와 벤치 타임도 짧게 하고 가스빼기는 느슨하게 하나 정형은 단단하게 한다. 2차발효를 길게 하려면 이스트 사용량을 조절해야 하며 반죽의 가스 보유력이 약하므로 소형 빵인 경우에는 2차발효를 짧게 한다.

굽기 전에 표면에 물 또는 전분물이나 계란물을 칠하여 오븐에서 터짐을 막고 바삭거리며 광택 있는 껍질을 형성할 수 있도록 하고 표피가 약간 마르면 칼집을 낸다.

자르는 횟수와 깊이를 조절하므로 제품의 외관을 좋게하고 구울 때 스팀을 넣어 터지는 것을 방지한다.

카. 프랑스빵 (French bread)

바게트는 지팡이라는 뜻으로 프랑스빵을 대표하며 겉은 바삭하고 속은 부드러운 길죽한 막대기 모양의 빵이다. 밀가루, 물, 이스트, 소금의 네 가지 빵의 기본 재료만을 사용하여 충분히 발효시켜 구워낸 것으로 반죽의 분할량, 모양, 크기, 칼집의 수, 형태 등에 따라서 명칭이 다양하고 맛도 다양

하다. 바게트는 쉽게 굳기 때문에 아침에 바로 구운 것을 먹는다.

프랑스빵처럼 일정한 모양의 팬 없이 굽는 것을 하스 브레드라 부르며 이러한 제품은 계란, 설탕, 유지의 사용량이 적은 저율배합으로 만든다.

팬을 사용하는 보통 식빵류 보다는 오랜 전통의 제품으로 프랑스빵, 이태리빵, 비엔나 브레드 등이 이에 속한다.

(1) 재료 사용

프랑스빵 전용 밀가루를 사용하며 단백질 함량은 9~12% 이고 회분 함량은 0.5% 내외이다. 단백질 함량이 너무 적으면 제품의 부피가 작고 쫄깃한 식감이 약하며 단백질 함량이 너무 많으면 제품이 너무 질기게 된다.

물 사용량은 56~60%로 식빵에 비해 된 반죽이며, 이스트는 생이스트를 사용하는 것이 일반적이나 인스턴트 이스트를 사용하기도 한다.

이외에 풍미 증진을 위해 맥아를 사용하거나 반죽에 힘을 주기위해 비타민 C를 미량 사용하기도 한다.

(2) 제조 공정

믹싱은 짧게 하는 것이 바람직하나 발효는 27℃의 온도에서 습도는 약간 낮은

75%로 유지하며, 발효 도중에 펀치를 하기도 하는데 이는 발효 속도를 조절하고 발효하는 동안에 반죽의 윗부분과 아래 부분의 반죽 온도를 일정하게 하여 반죽 전체를 고르게 발효시킬 수 있다.

분할 후 둥글리기를 할 때에는 가스를 거의 빼지 않고 반죽을 접는다는 느낌으로 가볍게 둥글린다. 정형 시에는 밀어펴기를 느슨하게 하여 반죽 안의 기공을 크게 하고 반죽 표면을 끌어 당겨 내부로 넣는다. 덧가루는 가능한 한 사용하지 않고 이음매는 단단히 봉합하여 2차발효 중에 벌어지지 않도록 한다.

바게트인 경우에 전용 팬이 없을 경우에는 면포 등을 사용하여 발효하는 동안에 옆으로 퍼지지 않도록 하며 팬 흐름을 작게하여 둥근 모양을 유지하도록 하고 온도와 습도를 낮게하는 것이 바람직하다.

2차발효 후에 윗면에 칼집을 내는 것은 제품의 외관을 좋게하고 다른 곳이 터지는 것을 방지한다. 굽기 전에 칼을 뉘어서 생선의 포를 뜨듯이 윗면을 자르며 어린 반죽이나 가스 발생이 많은 것은 깊게 자르고 지친 반죽의 경우에는 얇게 잘라준다.

오븐에 넣은 후 몇 분 동안은 오븐 스프링이 일어나 갑자기 부피가 팽창되어 터지기 쉬우므로 오븐에 스팀을 넣는다. 스팀 주입은 반죽을 오븐에 넣기 전에 하는 방법과 넣고 난 후에 주입하는 방법이 있다. 스팀을 너무 오랫동안 주입하면 질긴 껍질이 형성되고 갈라준 부위가 벌어지지 않는 경우도 있게 되므로 스팀량은 반죽의 상태와 오븐의 온도 등에 따라 다르게 한다.

타. 이스트 도넛 (Yeast raised doughnut)

과자빵 반죽을 오븐에 굽는 공정 대신에 뜨거운 기름의 열전도에 의해 내부를 익힌 제품으로 독일의 베를리너를 비롯하여 미국의 링도넛, 하니도넛, 롱존스, 데니시도넛 등과 시중에서 판매하는 앙금도넛이나 일본식 카레도넛 등이 있다.

미국에서는 윈첼, 미스터, 던킨 등 유명 도넛 제조사들이 합리적 경영을 가능하게 해주는 프리믹스를 사용한다.

빵도넛은 케이크 도넛에 비해 원료비가 낮으며 정형의 형태가 다양하고 제품의 맛을 결정하는 흡유량이 적은게 장점이나 보존성이 짧고 모양이 다양해서 기계적 정형 생산이 어렵고 제조시간이 긴 것이 단점이다.

(1) 재료 사용

도넛 프리믹스를 사용하므로 재료 저장 면적을 줄이면서 초보자도 간단히 제조할 수 있고, 균일한 제품을 만들며, 노동력과 공간이 절약되고, 재고 조절과 위생 문제를 줄일 수 있는 등의 여러 가지 장점이 있다. 사용 밀가루는 준강력분이 바람직하지만 없을 때에는 강력분에 30% 정도의 박력분을 혼합하여 사용한다. 독특한 풍미를 위해 대두분이나 호밀분, 감자분 등을 일부 섞어 사용하기도 한다.

설탕은 10% 내외로 사용하여 제품의 색을 좋게 하고 노화를 지연시킨다.

유지는 튀길 때 과도한 흡유를 방지하기 위하여 10% 내외로 사용하는 것이 바람직하며, 노화를 지연시키기 위해 유화성분이 함유된 유지가 사용되기도 하는데 이는 반죽의 신전성과 기계 내성도 향상시킨다. 계란 사용 비율은 10~20%로 계란에 의해서 흡유율을 조정하고 풍미를 좋게 한다.

튀김기름은 제품에 흡유되어 풍미에 영향을 미치므로 새로운 기름의 산가는 0.1% 이하의 것으로 무미, 무취로 담백하여야 한다.

기름의 산패는 어느 시점부터 빠르게 진행되므로 새 기름을 보충해서 낮은 산화도를 유지하고 산화 방지를 위해 튀김기름의 사용 회전율을 점검한다. 기름온도의 과열을 방지하고 사용 후에는 이물질을 체에 걸러서 제거한다.

(2) 제조 공정

밀가루의 단백질 함량이 강력분에 비해 낮으므로 믹싱은 짧게하고 틀로 찍어서 링도넛을 제조하려면 발효 후에 밀대로 적당한 두께로 밀어 펴면서 가스를 뺀다.

반죽이 수축되지 않도록 충분히 밀어 편 상태에서 휴지시키고 틀을 사용하여 찍어낸다. 틀에서 찍어낸 반죽은 모양이 변형되지 않도록 뒤집어서 건조 발효시키는 것이 바람직하다.

다른 과자빵과 같이 발효시키는 경우에는 튀기기 전에 실온에서 표면을 건조시켜서 튀겨야 흡유량을 줄일 수 있다.

185℃의 기름에서 한쪽 면을 약 1분 정도 튀기며 매일 새로운 기름을 절반 정도 넣어 사용하는 것이 가장 바람직하다. 제품이 완전히 냉각되기 전인 내부온도가 25~30℃ 정도에서 설탕이나 계피설탕을 묻힌다.

제 3 절   기 초 과 학

1. 탄수화물

탄수화물은 당질이라고도 하며 단백질, 지질과 더불어 생물체를 구성하고 사람의 중요한 에너지원이 되며 탄소, 수소, 산소의 세 가지 원소로 구성되어 있는 유기 화합물로 일반적으로 CnH_2nOn 혹은 $Cm(H_2O)n$ 등의 분자 구조식을 가지고 있다.

탄수화물의 기본단위인 포도당은 식물의 광합성 작용에 의하여 생성된다.

이 복잡한 과정은 $6CO_2+6H_2O+$빛 $\rightarrow C_6H_{12}O_6+6O_2$ 의 화학식으로 요약 할 수 있다. 이러한 포도당 두 분자가 결합된 상태를 맥아당이라 하고 이처럼 단당류 2분자가 결합하여 생성된 것을 이당류라 한다. 몇개의 단당류로 구성된 소당류를 올리고당이라 하고 수백 수천개의 단당류가 모여서 만들어진 중합체를 다당류라 하며 대표적인 것으로 전분을 들 수 있다.

가. 단당류

탄수화물이 가수분해에 의하여 더 이상 분해될 수 없는 것으로 탄소원자 수에 따라 3탄당부터 8탄당 까지 있다.

(1) 포도당 (Glucose, dextrose)

단당류 중 6탄당의 대표적인 물질로 과일이나 혈액 중에 함유 되어 있고, 특히 포도에 약 20%가 함유되어 포도당이라고 부른다.

설탕, 맥아당, 유당과 같은 이당류의 구성 성분으로 존재 한다. 포도당은 광학적 우선성이 있어 Dextrose 라고도 한다.

(2) 과당 (Fructose, levulose)

과일이나 꿀에 많이 들어 있으며 과당의 수용액은 광학적 좌선성 이므로 Levu-lose 라고도 한다. 자당이나 감자에 들어있는 다당류인 이눌린 (inulin)의 구성 성분으로 존재하며 다당류의 가수분해에 의해서도 과당이 생성된다. 상대적 감미도는 175 정도로 단맛이 강하다.

(3) 갈락토스 (Galactose)

유당, 한천의 구성 성분으로 유당을 가수분해하면 갈락토스가 생성된다. 그러나 자연계에 유리 상태로 존재하는 예는 거의 없다.

나. 이당류 (Disaccharide)

이당류는 가수분해 하여 2분자의 단당류를 생성한다.

$$C_6H_{12}O_6 + C_6H_{12}O_6 \underset{\text{가수분해}}{\overset{\text{합성}}{\rightleftharpoons}} C_{12}H_{22}O_{11} + H_2O$$

단당류　　　　단당류　　　　　　　　이당류　　　　물

대표적인 이당류는 자당, 맥아당, 유당 등이 있다.

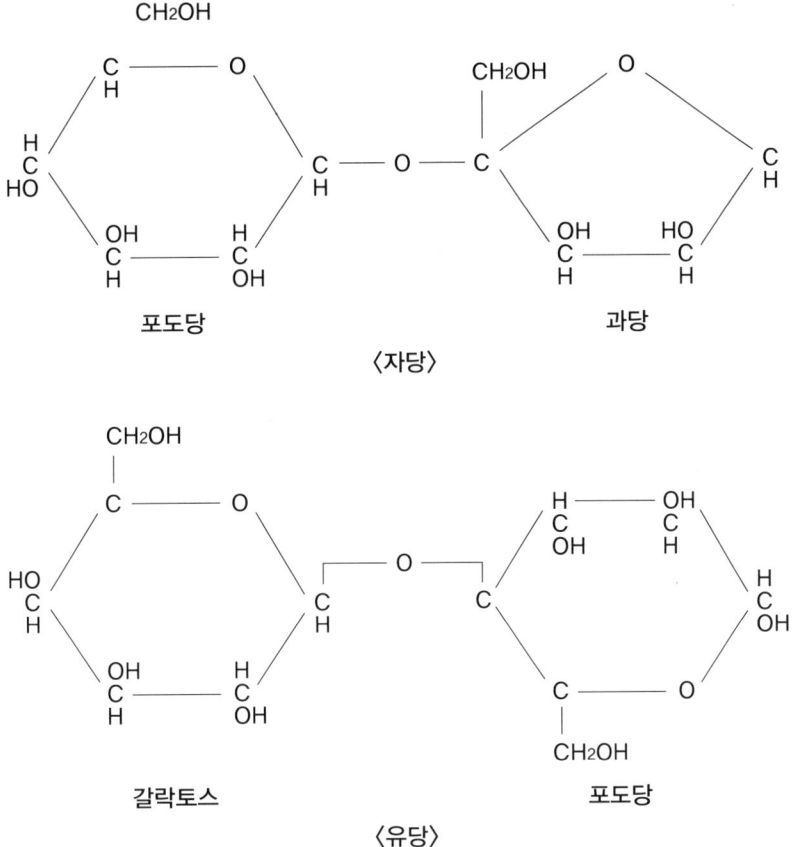

〈자당〉

〈유당〉

(1) 자당 (Sucrose)

자당은 식물계에 널리 존재하나 특히 사탕수수, 사탕무 중에 많이 함유 되어 있어 공업적으로 설탕을 만들며 포도당 한 분자와 과당 한 분자로 구성되어 있으므로 가수분해하여 이 두 가지 물질을 생성한다. 묽은 산의 용액에서나 효소 인베르타아제에 의해 가수분해 되어 전화당이 되며, 제빵 과정에서는 이스트에 의해 포도당과 과당으로 바뀐 뒤에 다시 발효에 이용된다.

(2) 맥아당 (Maltose)

맥아당은 그 자체로는 자연계에 존재하지 않는다. 보리가 적당한 온도와 습도에서 발아한 것을 맥아라고 한다. 전분에 맥아를 넣어서 디아스타제를 작용시켜 전분을 분해하면 맥아당이 생성된다. 이것을 끓인 것이 물엿이다.

맥아당은 두분자의 포도당으로 구성되어 있으며 상대적 감미도는 약 30이다.

(3) 유당 (Lactose)

포유동물의 젖중에 자연상태로 6~8% 정도 들어 있으므로 젖당이라고도 하며 한 분자의 포도당과 한 분자의 갈락토스로 결합되어 있다.

유당은 자당이나 포도당과 달라서 이스트에 의해 발효에 이용되지 못하지만 유산균에 의해 유산을 생성하여 유산균 음료의 고유한 맛과 향을 낸다.

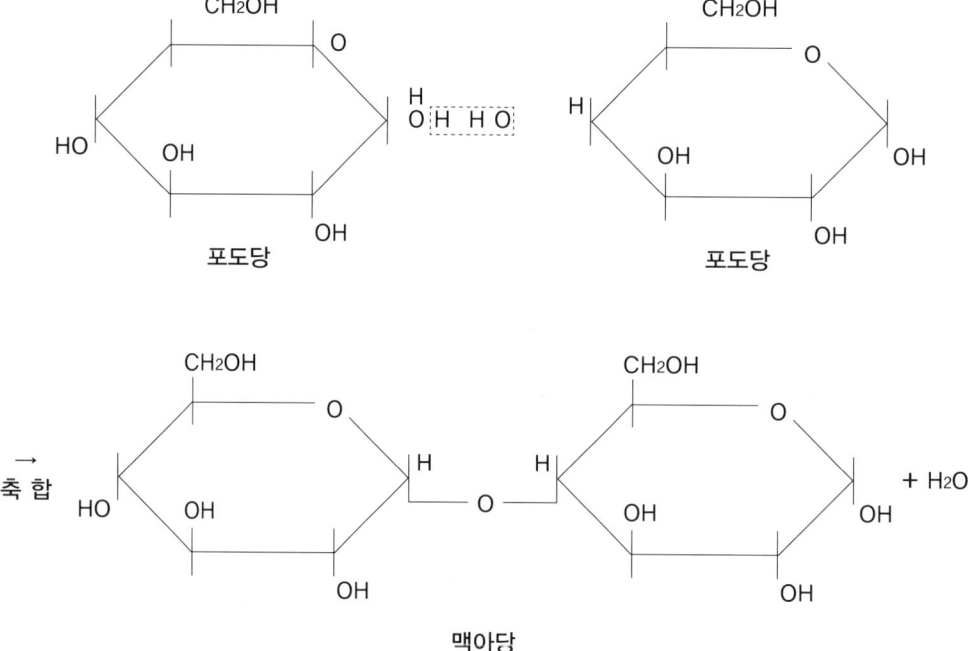

다. 다당류

다당류는 자연계에 널리 존재 하며 많은 단당류가 탈수, 축합되어 만들어진 고분자 화합물로 중요한 것으로는 전분이 있다.

1) 전 분 (Starch)

식물계의 중요한 저장 당질로 곡류, 근채류, 두류에 가장 널리 분포되어 있으며 이러한 전분은 포도당이 다수 축합된 포도당의 중합체로 되어 있다.

포도당이 직쇄상으로 배열된 형태를 아밀로오스라고 하고 가지상의 구조를 가진 전분을 아밀로펙틴이라고 한다. 전분은 냉수에 의해서 변화를 받지 않고 열을 가하게 되면 점차 팽창하게 되어 60℃ 전후에 달하면 콜로이드 상태가 되며 이러한 현상을 호화 (Gelatinization)라고 한다.

라. 화학적 성질

(1) 용해성

단당류는 물에 잘 녹으나 알코올에는 조금 녹고 벤젠, 클로로포름에는 녹지 않는다.

(2) 환원성

당류 분자내에 유리 할 수 있는 -CHO 나 C = O 기를 갖는 것은 환원성이 있어 알칼리 용액 중에서 구리나 수은 같은 중금속을 환원 하므로 포도당, 과당, 맥아당은 환원당이라 하고 자당은 비환원당이라 한다.

(3) 축합과 가수분해

어떤 단당류의 OH기와 다른 단당류의 OH기에서 한분자의 물이 떨어져 나가 축합한다. 과당류와 다당류의 글루코시드 결합은 묽은 산을 가하고 가열 하거나 효소의 작용으로 가수분해 된다.

(4) 갈변

다당류가 갈변하는 것으로는 아미노 카보닐 반응, 캐러멜화, 당과 유기산의 반응이 있으며 캐러멜화 반응은 비효소적 갈변으로 당류를 함유하는 반죽을 가열하면 적갈색을 띠는 것을 말한다.

(5) 전분의 구조

전분은 식물체 내에서 수백내지 수천의 포도당 단위로 이루어진 중합체로 두가지 기본 형태가 있다. 이중 하나는 아밀로오스라 하며 포도당 단위가 일렬로 연결되어 있으며 각개의 포도당 단위는 알파 1,4 결합으로 연결되어 있다.

다른 하나는 아밀로펙틴이라 하는데 나뭇가지 모양으로 가지가 달렸으며 각 가지에는 20~30개의 포도당 단위가 붙어 측쇄상으로 되어 있고 이 측쇄는 알파 1,6

결합으로 되어 있다.

순수한 아밀로오스와 아밀로펙틴은 그들의 물리적 화학적 작용이 현저히 달라 아밀로오스는 물에 잘 녹는데 비하여 아밀로펙틴은 물을 가하여 가열하면 끈적끈적 해진다. 보통 곡물의 전분은 아밀로오스가 17~28%이고 나머지는 아밀로펙틴으로 되어 있다. 그러나 찹쌀은 아밀로펙틴만으로 되어 있으므로 찰진 특성을 나타낸다.

또한, 전분의 입자는 분자의 배열이 무질서하게 이루어진 무정형 부분과 빽빽하게 배열된 결정부분 즉 미셀 (micell) 부분이 있다.

결정부분은 이웃 분자와의 사이에 수소결합으로 이루어져 있으며 무정형 부분도 약하게 결합하고 있다. 녹말 입자가 수분을 갖는 것은 이 무정형 부분이다. 결정부분의

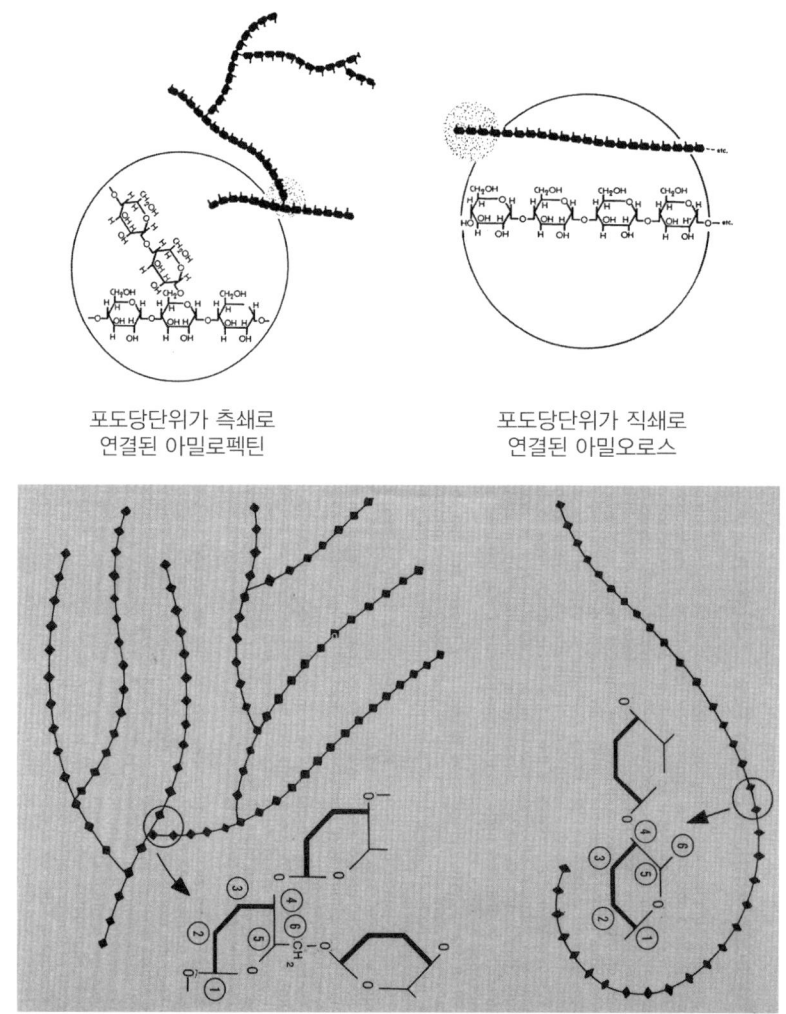

포도당단위가 측쇄로
연결된 아밀로펙틴

포도당단위가 직쇄로
연결된 아밀오로스

비율은 전분의 종류에 따라서 다른데 대개 아밀로오스 함량이 많은 것 일수록 결정화도가 낮다고 한다.

(6) 호화 (Gelatinization)

전분의 종류에 따라 달라지는 중요한 성질중의 하나는 호화이다. 전분입자는 실온 이하의 온도에서는 사실상 불용성이나 물을 가해서 $60 \sim 70 \, ^\circ\!C$로 가열하면 호화가 일어나 점도가 급상승한다. 이러한 상태를 알파 전분이라 하며 효소에 의해 가수분해가 쉽게 일어나므로 소화 흡수상태가 좋게된다.

즉, 전분입자 속에서 아밀로오스와 아밀로펙틴 분자들은 수소결합에 의해 미셀을 형성하고 있으며 미셀이 모여 전분층을 형성하고 전분층이 겹쳐서 전분 입자들을 형성하고 있다.

이와같은 전분 입자를 물에 담그면 물분자가 전분 분자 사이에 들어가며 전분 분자간의 수소 결합은 수화된 물 분자를 통해 간접적으로 결합하게 된다. 따라서 전분입자는 수분 흡수에 따라 팽윤되며 전분 사이의 결합은 점차 약해진다. 이에 미셀은 파괴되고 각 전분 분자들은 자유로이 활동을 하게 되며 전분 분자들의 콜로이드 용액이 형성되어 점도는 급증하며 호화가 이루어진다.

이러한 전분의 호화에 영향을 주는 요인들로는 전분의 종류, 수분함량, 전분 현탁액의 pH 및 존재하는 염류의 종류와 농도에 영향을 받는다.

(7) 노화 (Staling)

호화된 알파 전분을 방치 하면 점점 분자가 모여 다시 일정한 결정형태로 된다. 이러한 변화를 전분의 노화라고 한다. 신선한 빵의 껍질은 바삭바삭 한데 비하여 노화된 빵은 맛과 향이 변하고 딱딱하며 부스러지기 쉬워진다.

빵의 흡수성이 감소하고 수용성 전분의 함량도 감소하므로 딱딱하게 결정화되고 껍질은 질겨지고 단단해 진다.

냉각된 빵을 비닐포장하므로 빵 내부의 수분이동을 막아 전분의 결정화를 늦추어 빵속의 노화속도를 줄인다.

빵은 오븐에서 나와 냉각되면서부터 노화가 시작되며 보관온도가 높으면 노화는 느려지나 부패의 문제에 직면할 수 있다. 온도가 낮아짐에 따라 노화도 빠르게 진행되나 $-18 \, ^\circ\!C$ 이하에서는 노화현상이 극히 적어 수개월도 저장이 가능하다.

이외에도 노화를 지연시키는 방법은 반죽에 유화제를 사용하거나 제빵 공정을 철저히 관리하거나 양질의 신선한 재료를 사용하며 제품의 적절한 냉각과 포장을 하는 방법이 있다. 노화가 많이 진행되기 전에 토스트처럼 재가열 함으로 다시 어느 정도 알파전분 상태로 되돌려 사용하는 방법도 있다.

2. 지방질

지방질은 물에는 풀리지 않고 에테르, 알코올, 벤젠, 클로로포름 같은 유기 용매에 잘 녹는 일군의 화합물의 총칭이다. 지방산과 글리세롤의 에스테르 즉 화학적으로는 트리글리세리드 (Triglycerides)라 한다.

탄수화물처럼 지방도 탄소, 수소, 산소의 분자로 구성되었으나 모형과 비율이 다르게 배열되어 있다. 트리글리세리드를 구성하는 지방산의 세 가지가 다 같은 경우는 매우 드물며 세 가지가 모두 다르든지 두 가지가 같고 한 가지가 다른 혼합 글리세리드 (Mixed glyceride)인 경우가 많다.

가. 지방산과 글리세린

지방산은 자연에 존재하는 트리글리세리드 또는 지방질을 가수분해 할 때 얻어지는 유기산을 말한다. 지방산은 지방 전체 분자량의 94~96%를 구성하고 있으며 그 분자의 반응 부분이 되기도 한다. 가장 보편적인 지방산은 끝에 한 개의 카르복실기(-COOH)가 붙어 있는 탄화수소 사슬의 지방족 화합물이다. 돌고래 지방인 이소 발레르산을 제외하고는 탄소수가 4에서 26에 달하는 짝수이다.

(1) 포화, 불포화 지방산

자연에 존재하는 지방산들은 그 분자 속에 이중결합이 존재하는 불포화 지방산과 지방산 사슬의 탄소 원자가 두개의 수소원자와 결합되어 이중결합이 없는 포화지방산으로 이루어졌다.

유지는 포화 또는 불포화에 따라 물리적, 화학적 성질에 큰 차이가 생기며 그 용도도 달라질 수 있다.

불포화 지방산은 이중결합을 갖고 있으므로 수소 첨가에 따라 포화 지방산이 될 수 도 있다. 대표적 불포화 지방산인 올레산은 탄소수가 18개인 지방산으로 우유지방, 우지의 주요 구성 성분이다. 또한 불포화도가 클수록 융점은 점점 낮아지는 게 일반적이다. 따라서, 고체 지방보다 액체 기름 중에 불포화 지방산이 비교적 많이 함유되어 있다.

포화 지방산은 탄소수가 증가함에 따라 물에 풀리기 어렵고 융점이 상승한다. 천연 유지 중에는 팔미트산, 스테아르산에 많이 있다.

(2) 글리세린 (Glycerine, glycerol)

글리세린은 시럽과 같은 무색, 무취, 감미를 가진 액체로 이것은 지방산기와 에스테르화 되어 모노, 디, 트리, 글리세리드를 만든다. 글리세린은 지방의 가수분해로 얻으며 이스트 발효 중에도 미량 생성되어 빵제품 중에 극미량이 존재한다. 글리세린은 인체의 정상적인 구성물질로 존재하며 식품첨가제로 안전하게 사용되는 생리적으로 무해한 물질이다.

나. 물리화학적 성질

(1) 융 점 (Melting point)

유지도 다른 화합물들처럼 일정 온도에서 전체가 일시에 녹지 않고 넓은 온도 범위에서 녹으므로 융점이 일정치 않게 된다. 이처럼 융점이 불균일한 이유는 유지가 성질이 다른 트리글리세리드의 혼합물이라는데 있으며, 또한 두개 이상의 결정형을 갖는 동질다형현상 (Polymorphism)을 나타내기 때문에 융점도 그 결정형에 따라 다르기 때문이다.

(2) 가소성 (Plasticity)

고체가 적당한 조건 하에서 외부의 힘에 대해 이상적인 강체 또는 완전 탄성체로 작용하지 않으며, 어느 한도 내에서 파괴되지 않고 외부의 힘에 따라 연속적으로 변형 될 수 있는 성질을 말한다. 파이나 퍼프 페이스트리 제조시 유지의 가소성은 매우 중요하며 바람직한 성질이다.

(3) 비 중 (Specific gravity)

유지의 비중은 보통 25℃에서 측정하나 융점이 높은 고체 유지의 경우에는 40℃ 또는 60℃에서 측정하는 수도 있다. 유지의 비중은 일반적으로 불포화 지방산 함량이 클수록, 지방산기의 길이가 길수록 증가한다.

한편, 같은 유지의 경우 고체상 유지와 액체상 유지의 비중은 차이가 크기 때문에 한 유지 속의 고체성분과 액체성분의 비율을 결정하는데도 사용된다.

(4) 발연점 (Smoke point)

유지를 가열할 때 유지의 표면에서 엷은 푸른 연기가 발생할 때의 온도를 말한다. 이 연기는 고온에서 유지를 가열할 때 유지가 분해되어 형성되는 것으로 튀김류에 흡수되면 나쁜 맛이나 나쁜 냄새를 가져오므로 되도록 발연점이 높은 유지를 사용하는 것이 바람직하다.

이러한 발연점에 영향을 주는 요인들로 유리지방산의 함량, 노출된 유지의 표면적, 외부에서 들어온 미세한 입자상의 물질 등이 있다.

(5) 가수분해 (Hydrolysis)

유지는 물의 존재 하에 가수분해 되면 모노, 디, 글리세리드와 같은 중간 산물을 생성하고 나중에는 지방산과 글리세린으로 분해된다. 가수분해 속도는 온도의 상승에 따라 가속화 되므로 튀김 기름의 온도관리는 대단히 중요하다. 가수분해에 의해 생성된 유리지방산 함량이 높아지면 튀김기름은 거품이 잘 일어나고 발연점이 낮아진다.

(6) 산화 (Oxidation)

자동 산화는 이중결합에 인접한 탄소 원자로부터 한 개의 전자를 잃는 것으로 산소와의 강한 친화력을 보여준다. 이렇게 하여 생긴 과산화수소물은 그자신이 무미무취로 불안정하여 사슬 길이가 짧은 알데히드나 산으로 분해되어 냄새가 나게 된다. 산화를 가속하는 요소로는 산소량, 이중결합수, 온도, 자외선, 구리 같은 금속의 존재 등이 있다.

다. 유지의 역할

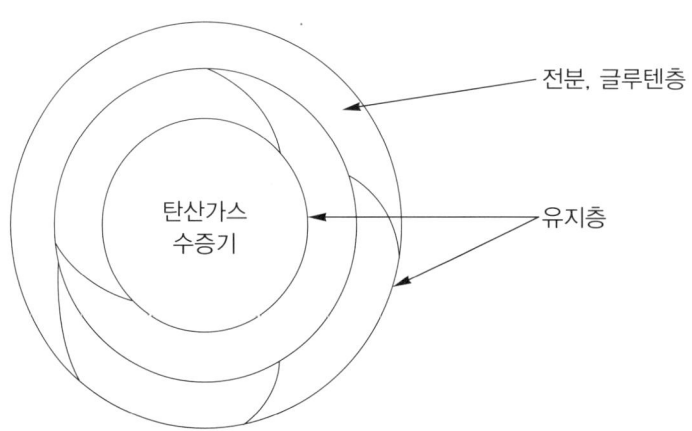

그림 : 전분 – 글루텐층의 내외부는 유지층으로 싸이고, 또 그 속에도 유지층이 존재하여
발생된 기체가 쉽게 밖으로 새어나지 못하기 때문에 입자는 크게 팽창된다.

가소성 유지란 다른 재료들과 쉽게 혼합되는 지방질로 빵 반죽에는 버터, 라드 또는 식물성 기름에 수소를 첨가하여 만든 마가린이 사용된다. 이는 빵류나 과자류의 발효과정이나 화학팽창제의 작용이 시작될 때 이들의 부피가 팽창되는 것을 돕는다. 발생된 탄산가스의 일부는 전분입자들이나 글루텐의 막을 통과함으로 부피의 증가가 약하게 된다.

오븐 내에서도 온도 상승에 따라 탄산가스 뿐만 아니라 수증기도 형성되고 공기도 팽창되나 전분입자, 글루텐, 물로 형성된 층은 이들을 통과시킨다. 그러나 유지가 반죽에 혼합되어 있으면 전분입자들과 글루텐의 층은 유지에 의해 층의 표면이 싸여지며 기체의 통과를 억제 하므로 반죽의 부피는 증가하게 된다.

실온에서 액체인 유지는 빵의 부피를 별로 증가시키지 않으나 융점이 높은 유지를 섞어 사용하면 빵의 부피는 증가한다. 융점이 높은 유지는 믹싱 또는 발효과정에서 단백질과 결합하지 않고 남아 있다가 오븐 온도에 녹으면서 빵 부피를 증가시키며 세포조직을 강화시켜 준다.

라. 유지의 품질

유지제품의 선택에는 유지의 특수한 기능적, 품질적 고려가 뒤따르지 않을 수 없다. 지방을 평가하는데 사용되는 중요한 성질은 유리지방산 함량, 풍미특성, 안정성, 색, 크림화 능력, 유화성 등을 들 수 있다.

(1) 풍미 (Aroma)

모든 탈취된 쇼트닝은 풍미가 온화하여야 하고 제품이 일률화 되어야 한다.

유지의 향 안정성은 여러 가지 가속 숙성시험으로 측정되고 정기적으로 탈향이나 탈취가 발생하는 것을 점검한다.

(2) 색 (Color)

쇼트닝은 순수한 흰색이 좋으며 기름의 색깔이 먼저 조절되어야 하지만 결정 입자의 크기, 공기 또는 질소의 혼합을 조정하는 것과 쇼트닝을 템퍼링 하는 것에 크게 영향을 받는다.

(3) 크림성 (Creaming quality)

믹싱 조작 중 공기를 포집하는 능력으로 쇼트닝은 라드보다 지방입자가 작아 크림성이 좋다. 일반적으로 25℃에서 크림성이 좋으며 이는 부피증가 뿐만 아니라 좋은 크림을 만드는데 영향을 준다.

마. 산패 (Rancidity)

산패는 그 원인에 따라 유지 또는 지방질 식품이 외부의 나쁜 냄새를 흡수하여 제품에 영향을 미치는 경우와 가수분해에 의한 유리지방산에 의해 발생하는 화학적인 산패와 유지 분해효소에 의해서 촉진되는 가수분해로 나눌 수 있다.

이러한 산패로 생성된 유리지방산의 일부는 휘발성을 갖고 있으며 나쁜 냄새나 맛을 내므로 유리지방산의 함량을 유지 품질의 지표로 삼는 경우가 많다.

(1) 산화에 의한 산패

유지가 공기 중의 산소를 자연적으로 흡수하여 발생하며, 이러한 산패를 일으키는 과정은 유지가 가열과정 없이 자연발생적으로 일어나는 자동산화 과정과 도넛을 튀길 때처럼 높은 온도로 가열된 유지에서 일어나는 가열산화 과정으로 나눌 수 있다.

(2) 산화촉진제

유지의 산화속도를 촉진시켜 유지의 산패시간을 단축시킨다. 금속이나 일부 화학물질, 광선 등이 이에 포함된다. 금속 중에서도 구리, 철, 니켈, 주석 등은 과산화물 분해과정을 촉진시켜 산화촉진 작용을 한다. 소금 및 기타의 염과 광선 특히 단파장의 광선은 유지에 대해 현저한 산화촉진 작용을 갖고 있다. 이외에 수분과 유리지방산도 산화촉진제로 작용한다.

(3) 항산화제

유지의 산화속도를 억제하여 주는 물질이나 요인으로 산패 발생을 가져올 시간 즉 유도기간을 연장해준다. 항산화제는 유지나 지방에 자연 성분으로 존재하는 자연 항산화제와 유지성분의 산화를 억제하기 위한 목적으로 첨가되는 합성 항산화제로 나눌 수 있다.

식품첨가용으로 사용되는 항산화제는 토코페롤, BHA, BHT, NDGA, Propyl gallate 등이 알려져 있다. 또한 레시틴, 세파린 등은 많은 동식물에 자연적으로 존재하여 상승제 역할을 하고 있다. 항산화제 작용을 보완하는 상승제 (Synergist)로는 인산, 구연산, 주석산, 아스코르브산 등이 있다.

3. 단백질

단백질이란 동식물체의 가장 중요한 구성 성분인 동시에 화학적으로는 아미노산이 결합된 고분자 화합물로 주로 탄소, 수소, 산소, 질소로 구성 되어있고 이중에서 12~19%가 질소로 이루어 졌다.

가. 단백질의 분류

일반적으로 단백질은 식물에서 얻어지는 식물성 단백질과 동물에서 얻어지는 동물성 단백질로 나누거나 그 조성에 따라 단순단백질, 복합단백질, 유도단백질로 분류한다.

(1) 단순단백질

아미노산으로만 구성되어 있는 단백질로 알부민처럼 가열에 의해 응고되며 흰자, 우유, 혈청에 존재하는 동물성 단백질과 글루테닌이나 글리아딘처럼 밀에 존재하는 식물성 단백질이 있다.

(2) 복합단백질

단순단백질에 이외의 여러 가지 구성성분들과 함께 구성되어 있는 단백질로 핵단백질, 당단백질, 인단백질, 색소단백질, 지방단백질, 금속단백질 등이 있다.

(3) 유도단백질

자연에 존재하는 단백질이 산, 알칼리, 효소, 기타 화합물의 작용 등에 의해서 변성된 단백질로 그 변성 정도에 따라 일차, 이차 유도단백질로 세분된다. 단순 단백질의 하나인 콜라겐을 묽은 산이나 알칼리로 끓임으로 얻어지는 젤라틴은 대표적인 유도단백질이며 이외에도 프로테오스, 펩톤, 펩티드 등이 있다.

나. 단백질의 구조

단백질은 여러 가지 아미노산이 결합해서 긴 고리를 이루고 있다. 이 고리는 그대로 뻗어있지 않고 고리끼리 결합하기도 하고 다시 복잡한 결합을 거쳐 입체구조를 형성하고 있다.

(1) 펩티드 결합

한 개의 아미노산의 카르복실기 (Carboxyl)와 다른 아미노산의 아미노기 (Amino)에서 한 분자의 물이 떨어져 나가 -CO, -NH-와 같은 결합을 하는 것을 말하며, 단백질은 여러 개의 아미노산이 결합해서 폴리펩티드를 만들고 다시 이것이 여러 개가 모여서 고분자가 된다.

(2) 입체구조

단백질이 입체구조가 되기 위해서는 펩티드 결합 이외에도 여러 결합이 있다. 이들 결합형태 중에서 대표적인 것은 이온결합, 수소결합, -S-S- 결합 등이 있다.

(3) -SH 와 -S-S- 결합

산화제의 사용이 제빵성을 개선하는 이유는 환원 집단을 산화시킴으로 글루텐에 교질성을 주는 것으로 알려져 있다.

밀가루 단백질의 유황 함유 아미노산인 시스테인은 -SH기를 가지고 있어 쉽게 산화하여 두개의 단백질 사슬로 재조정 될 수 있는 시스틴이 된다.

만일 -SH기를 가진 결합이 펩티드 사슬에 붙게 되면 -S-S-의 교차결합이 생성되어 반죽은 흐름성이 작고 탄성이 큰 단백질 사슬의 망을 만든다. 이러한 두 가지의 -SH와 -S-S는 상호 교대하는 것으로 알려졌다.

다. 아미노산의 종류

체내에서 생성되지않고 반드시 음식을 섭취해야만 공급되는 것을 필수아미노산이라 하며 이소로이신 (Isoleucine), 로이신 (Leucine), 페닐알라닌 (Phenylalanine), 트레오닌 (Threonine), 리신 (Lysine), 메티오닌 (Methionine), 트립토판 (Tryptophan), 발린 (Valine)의 8가지가 있고, 체내에서 생성할 수 있는 것은 일반 아미노산이라 한다.

일반적으로 밀에는 라이신, 트레오닌, 트립토판 같은 아미노산이 부족하다.

그러므로 내상이 흰 빵의 단백질 효율비는 라이신을 첨가하거나 라이신 함량이 많은 동물성 단백질을 첨가하여 줌으로써 현저하게 높일 수 있다.

라. 단백질의 성질

(1) 등전점 (Isoelectric point)

적당한 수소 이온이나 수산이온 농도에서는 단백질은 두 분자 속의 양의 하전과 음의 하전이 완전히 중화되어 전기적으로 중성이 될 수 있으며, 이때 pH를 그 단백질의 등전점이라 부른다. 이러한 등전점에서 단백질은 가장 침전되기 쉬우며 단백질의 분리, 성제에 이용된다.

(2) 단백질의 변성 (Protein denaturation)

구성 아미노산에 의한 결합이 가열을 비롯한 물리적인 작용 또는 산, 알칼리 같은 화학적 작용 등에 의해서 그 구조가 변형되므로 점도의 증가, 용해도의 변화, 응고, 침전 등의 현상이 발생한다.

단백질 변성을 일으키는 요인으로는 가열, 동결, 교반, 고압, 자외선, 초음파 등에 의한 물리적인 것과 산, 알칼리, 염류, 계면활성제, 유기용매, 중금속염 같은 화학적인 것이 있다.

라. 밀단백질

밀은 제분되어 밀가루가 되었을 때 발효와 굽는 과정에서 발생하는 가스를 보유하고 빵을 만들게 하는 유일한 곡물이다. 이는 밀의 단백질에 의한 것으로 물과 결합하여 글루텐을 형성하므로 반죽이 가스를 보유할 수 있게 한다.

알코올에 녹는 단백질로 프롤라민인 글리아딘과 알칼리에 녹는 단백질로 글루텔린에 속하는 글루테닌은 글루텐의 주성분을 이루는 단백질이다. 글루테닌은 글루텐에 견고성을 제공하는 반면에 글리아딘은 연한 성질과 점착성을 부여한다.

글루텐은 응집성, 탄력성, 점성 등의 물리적 성질을 보이는데 이는 이들 두 성분의 조합에 의한 것이다. 따라서 밀가루가 생성하는 글루텐 함량, 글루텐의 글루테닌과 글리아딘의 비율은 반죽 성질에 많은 영향을 미친다.

밀가루의 글루텐 성분은 반죽을 만들었을 때 밀가루의 전분 입자들을 연결 시켜주고 유지 성분과 함께 반죽에 갇혀있는 기체의 유출을 방지하여 준다. 또한 반죽에 유동성을 제공하여 어떠한 압력이 작용하면 변형이 일어나되 힘이 작용하지 않으면 일정한 형태를 유지하는 가소성을 부여한다. 이는 빵을 구울 때 매우 중요하다.

빵은 굽는 도중 전분입자들 사이에 탄산가스, 수증기의 발생과 그 팽창에 의한 힘으로 압력이 가해질 때는 이 가소성에 의해 반죽은 부풀어 오르며, 변성에 의해 부풀어 올라온 형태를 유지할 수가 있다.

마. 동물성 단백질

(1) 젤라틴

젤라틴은 동물의 결체조직에 존재하는 콜라겐 단백질을 부분적으로 가수분해 하여 얻어지는 유도 단백질이다. 젤라틴은 자연 고무질 물질들처럼 물과 함께 가열하면 대략 30℃ 이상에서 녹아서 친수성 콜로이드를 형성하며, 냉각될 때는 반고체의 겔을 형성하므로 젤리로서 이용되거나 안정제 또는 건조를 억제하는 피막인 글레이즈로 사용되기도 한다.

(2) 우유단백질

우유는 고단백질 식품의 대표적인 예로 수분을 제외한 전체 고형 성분의 25%~30%에 해당하는 단백질을 함유하고 있다. 우유 단백질의 필수아미노산 조성은 이상적인 필수아미노산에 가까운 조성을 갖고 있으며 영양가 또한 매우 높고 대부분은 카세인과 락토 알부민으로 존재한다.

(3)계란단백질

계란은 지방질, 비타민류, 무기질뿐만 아니라 단백질의 중요한 자원이다.

흰자 단백질과 노른자에 포함된 단백질로 분류되는데 흰자에는 흰자 단백질의 60%를 차지하는 오브알부민과 14%를 차지하는 콘알부민이 대부분이며 이외에 세균을 용해 할 수 있는 라이소자임이란 단백질이 들어있다. 계란 노른자에도 몇 가지 단백질 성분들이 있으며 그 중에는 적어도 두 종류의 지방단백질 즉 리포프로테인이 있다.

4. 효소 (Enzyme)

효소는 동식물의 살아있는 세포에 의해 만들어지며 유기화합물과 반응하여 대부분은 자체는 변화하지 않고 기질을 단순한 결합으로 분해시킨다.

생체조직에서 복잡하게 만들어진 단백질로 생물학적 촉매이다. 따라서 효소는 생명체나 유기물에 있어서 필수적이다. 모든 효소는 동식물의 조직이나 배설물, 분비물 등에서 추출되며 실례는 다음과 같다.

(1) 몰트 아밀라아제 (Malt amylase)

보리나 밀의 싹에서 추출하며 맥주, 물엿 제조에 이용된다.

(2) 레닌 프로테아제 (Rennin protease)

송아지 위에서 추출하며 우유의 단백질을 응고시켜 치즈제조에 이용된다.

(3) 인베르타아제 (Invertase)

이스트에서 추출하며 탄수화물 분해 효소중의 하나이다.

(4) 박테리아 아밀라아제 (Bacteria amylase)

박테리아를 배양하여 추출 한다

가. 효소와 발효

효소는 동식물에서 발생하는 분해와 합성에 활력을 주며 밀에 효소가 존재하지 않는다면 밀가루는 특징적인 성격을 지니지 못한다.

빵 반죽은 믹싱이 끝나면 효소의 작용이 시작되며 이는 밀가루, 이스트 등의 재료에 들어 있는 효소가 활성을 나타내는 것으로 각 효소는 반죽의 성분 변화에 필수적으로 작용한다. 이러한 가스발생과 보유, 반죽조절을 통한 일련의 반죽 변화를 발효라 한다.

만일 밀가루에서 글루텐을 씻어내어 잡아 당겨보면 글루텐이 신장성이 없고 조금은 질기다고 느낄 것이다. 그러나 한 두 시간 발효시킨 후에 글루텐을 씻어내어 보면 더욱 부드러워지고 가소성을 지닌 것을 알 수 있는 것은 효소에 의한 부분적인 변화에 기인한 것이다.

나. 효소의 분류

(1) 탄수화물 분해효소

가수분해 효소의 일종으로 단순 또는 복합 탄수화물의 배당체 결합을 분해한다. 아밀라아제는 전분 또는 간의 글리코겐을 가용성 전분이나 덱스트린으로 전환 시키는 액화작용과 맥아당으로 전환시키는 당화 작용이 있다. 맥아 추출물, 밀가루, 침, 특정의 박테리아, 곰팡이 등에 존재하며 디아스타제라고도 한다.

인베르타아제는 자당을 포도당과 과당으로, 말타아제는 맥아당을 포도당으로 분해한다. 이외의 탄수화물 분해 효소로는 섬유소를 분해하는 셀루라제, 이눌린을 과당으로 전환시키는 이눌라제, 포도당이나 과당 같은 단당류를 알코올과 이산화탄소로 전환시키며 이스트에 들어있는 치마아제 등이 있다.

(2) 단백질 분해효소

단백질과 펩티드 결합을 공격하는 효소로 프로테아제는 단백질을 펩톤, 폴리펩티드, 아미노산으로 전환시킨다. 밀가루, 발아중인 곡류 등에 존재한다.

위액에 존재하는 펩신, 췌액에 존재하는 트립신, 레닌 등이 이에 속한다.

펩티다제는 펩티드를 아미노산으로 전환시키는 효소로 췌장에 존재하는 펩티다제, 장액에 존재하는 에렙신이 이에 속한다.

(3) 지방 분해효소

가수분해 효소의 일종으로 에스테르 결합을 분해한다. 췌장에 존재하는 스테압신과 이스트, 밀가루, 장액에 존재하여 지방을 글리세롤과 지방산으로 전환시키는 리파제가 이에 속한다.

다. 효소 활성의 영향 요소

효소 활성에 영향을 미치는 세 가지 중요한 요소는 온도, pH, 시간이다.

(1) 온도의 영향

효소는 일종의 단백질이므로 열에 의해 변성되거나 파괴되기도 한다. 낮은 온도에서는 효소의 촉매 반응속도를 감소시키며 온도가 적당하면 활성이 회복된다. 적당한 온도 내에서 10℃ 상승에 따라 효소의 활동은 약 두 배가 된다. 그러나 일단 최적온도 범위를 지나치면 단백질 변성에 의한 효소의 불활성으로 반응속도는 감소된다. 제빵에 이용되는 아밀라아제는 맥아당 생성을 측정한 결과로 62~63℃ 까지는 증가되나 그 이상의 온도에서는 감소된다.

인베르타아제의 최적온도는 50~60℃ 이고 말타아제는 30℃, 치마아제는 30~35℃ 이다.

(2) pH의 영향

반응 혼합물의 pH는 효소활성에 중요한 영향을 미치며 한 효소가 최대의 활성을 보이는 적정 pH도 효소 종류에 따라 달라지고 같은 효소라도 작용기질에 따라 달라진다. 제빵용 아밀라아제는 pH 4.6~4.8에서 맥아당 생성량이 가장 많다. 인베르타아제는 pH 3.5~5.5, 말타아제는 6.6~7.3, 치마아제는 4~5 범위에서 가장 활성화 된다.

(3) 시간

시간은 효소 활성에 직접적인 영향을 미친다. 효소가 더 오래 기질에 작용하여 반응하므로 더 많은 생산물을 만든다.

라. 효소와 이스트

이스트는 효소의 큰 원천으로 석은 양으로도 반죽에서 일어나는 작용은 상당히 크다. 이스트는 소량의 단백질 분해효소를 지니고 있으나 중요하게 작용하는 것은 이당류 분해 효소인 인베르타아제와 말타아제 , 산화효소인 치마아제이다.

마. 빵과 효소

(1) 아밀라아제

아밀라아제는 자연계에 널리 분포되어 있으나 제빵에 있어서는 밀가루, 맥아, 박테리아, 곰팡이 (Aspergillus oryzae)에 존재하며, 밀가루 구성 전분인 아밀로오스와 아밀로펙틴에 작용하여 단순한 탄수화물로 변화시키는데 이에는 알파와 베타의 두 가지 형태가 존재한다.

(2) 제빵에서 아밀라아제 효과

① 발효성 당이 증가하므로 가스 생성이 많고 껍질 색을 내는 잔당이 증가한다.

② 빵 껍질의 수분을 증가시켜 빵 숙성 중의 부드러움을 유지하게 한다.

③ 전분의 호정화를 증가시키며 껍질 색과 품질을 향상시킨다.

④ 가스 보유력을 증가시켜 빵 부피를 개선하고 전분의 겔화로 인한 점성을 감소시킨다.

이와 같은 작용이 있으므로 아밀라아제가 결핍된 밀가루로 만든 빵은 발효가 늦고 완제품에선 껍질색이 엷고, 부피가 작고, 기공과 조직이 거칠고, 빵속이 건조하게 된다. 그러나 아밀라아제가 가수분해를 진행할 수 있게 하기 위해서는 전분 입자를 효소가 침투할 수 있도록 하여야 하며 이러한 전분의 조절은 기질이 젤라틴화가 되면 가장 바람직하다.

(3) 알파 아밀라아제

전분을 덱스트린화 하는 액화능력이 있으므로 액화효소라고도 한다. 베타 아밀라아제에 비해서 열에 대해 안정성이 있고 적정 pH 범위는 좁은 편이다.

제빵에 있어서는 발효하는 동안 전분으로부터 과당류를 생성시키는 간접적 가수분해와 굽기 초기 상태에서 어느 정도 전분을 덱스트린화 하여 개선된 기공과 부드러운 속결을 갖게 하는 역할을 담당한다.

(4) 베타 아밀라아제

전분의 알파 1,4 결합을 공격하여 2개의 포도당 단위로 된 맥아당을 떼어내기 때문에 당화효소라고도 한다. 이 효소는 손상 전분이나 알파 아밀라아제가 만든 덱스트린에서 맥아당을 생성시키므로 이스트 속에 있는 말타아제와 치마아제에 의해 전체발효 기간 동안 꾸준한 발효를 계속한다.

이외에 열안정성이 적어 65℃ 이상에서는 급격히 파괴되는 곰팡이류 아밀라아제 (Fungal amylase)와 높은 열안정성이 있는 박테리아류 아밀라아제 (Bacterial amylase)가 있다. 곰팡이 알파 아밀라아제는 60~63℃ 까지 안정하고, 맥아 아밀라아제는 74~77℃ 까지 안정하며 박테리아 아밀라아제는 93℃ 까지도 안정하다.

(5) 프로테아제

빵 반죽의 글루텐에 작용한다. 밀가루, 맥아 박테리아, 곰팡이에 존재하며 제빵에 있어서 프로테아제 효과는 반죽을 느슨하고 신장성이 있게 하여 반죽 다루기와 기계에서 반죽의 적성을 좋게 한다. 완제품의 기공과 조직을 개선하며 특정 조건 하에서는 믹싱 시간을 줄일 수 있다.

5. 이스트와 다른 미생물

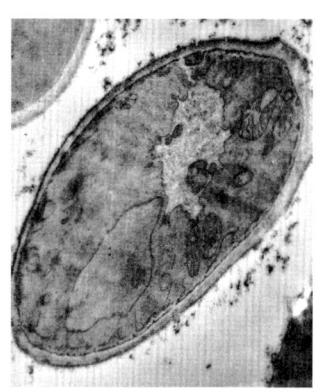
현미경으로 본 이스트세포

이스트를 발효에 이용한 것은 고대로부터 라고 할 수 있으나 현재와 같은 이스트 산업은 100여년의 연륜을 갖는다. 초기의 이스트는 액체 상태로 보리나 옥수수 같은 곡류를 당화하여 제조하였으나 이후 설탕 제조의 부산물인 당밀이 사용되고 있다.

이스트가 제빵에서 필수적 재료가 된 것은 살아 있는 유기물이므로 영양과 조건이 갖추어진 상태에서 작용하여 반죽에 생명력을 주어 발효공정을 일으키기 때문이다.

이스트의 효소는 전분을 발효할 수 있는 당으로 변화 시키거나 외부에서 들어온 당을 탄산가스와 알코올로 전환시킨다. 이러한 팽창과정 뿐만 아니라 이스트의 효소 활력은 가스를 보유할 수 있도록 반죽을 조절하고 성형을 쉽도록 하며 발효에 의해 먹음직스런 향을 지니게 한다.

가. 형 태

제빵용 이스트의 대표적인 것의 학명은 사카로미세스 세레비시에 (Saccharo-myces cerevisiae)로 보통은 원형 또는 타원형으로 되어 있다. 이스트 세포는 다른 식물 세포와 같이 세포벽 안에 분화된 원형질로 구성되어 있다. 한 개의 핵은 원형질로부터 경계지어졌으며 세포막은 거의 모든 용질을 투과 시키는 반면 원형질

막은 어느 특정한 용액 물질만을 통과 시킨다.

나. 생 식

무성생식과 유성생식으로 나눌 수 있으며 무성생식은 발아법과 포자형성으로 구분 된다. 주위의 조건이 나쁠 때는 포자형성에 의해 번식하기도 하며 이러한 포자는 이스트 식물세포 보다 열 저항성, 영양과 수분의 결핍 등 불리한 조건에 더 잘 견딘다.

발아라는 것은 이스트 세포의 한쪽 끝 부분에서 조그맣게 눈이 나와 고리모양으로 이스트 세포로부터 분리되는 것을 말한다. 이스트가 빵 반죽처럼 좋은 환경에 처하게 되면 이스트 세포는 생육을 하여 생물학적 활력을 갖게 된다. 이스트 세포는 보통 반죽 발효에 있어 배수로 증가하지 않으며 발효가 끝난 무렵에는 그 수가 약간 증가 할 뿐이다. 이렇게 발아한 딸세포는 모세포와 같은 모양으로 변하게 되며 정상적인 조건에서 이 과정은 두 시간이 걸린다.

다. 이스트의 효소

(1) 프로테아제 (Protease)

단백질 즉 글루텐을 분해하는 효소로 건전한 이스트에서는 세포내적 효소로 세포 밖으로 침출되지 않으나 죽은 이스트 세포인 경우에 이 효소가 밖으로 확산되어 나온다.

(2) 리파제 (Lipase)

세포액에 존재하며 지방을 지방산과 글리세린으로 분해한다. 이스트에선 대부분 세포 내적 효소로 원형질 내의 지방에 작용한다.

(3) 인베르타아제 (Invertase)

세포벽을 통해 들어간 자당을 포도당과 과당으로 분해시킨다. 최적 pH는 4.2 정도 이다.

(4) 말타아제 (Maltase)

맥아당을 포도당 두 분자로 분해한다. 발효 초기에는 포도당, 과당, 자당이 먼저 이용되나 결국은 이 효소에 의해 맥아당이 분해되어 지속적인 발효가 계속된다. 따라서 이스트에는 말타아제가 충분히 함유된 것이 좋으며 적정 pH는 6~6.8이다.

(5) 치마아제 (Zymase)

발효의 최종 단계를 담당하는 효소이다. 이 효소에 의해 직접적으로 알코올 발효를 할 수 있는 당은 6탄당인 포도당, 과당, 만노오스이다.

라. 이스트 일반

이스트도 생물이므로 설탕, 유효질소, 광물질, 비타민, 물과 같은 영양소와 온도, 효소, 산소, pH, 시간, 영양물질 농도와 같은 적절한 환경 요소를 요구한다. 이스트를 반죽 속에 넣었을 때 이스트는 새로운 환경에 적응하기 위한 시간이 걸리게 된다. 반죽의 발효가 시작되어 탄산가스가 생성되며 이러한 반응 비율은 각 반죽의 적당한 발효시간을 정하는데 중요하다.

마. 취급과 저장

이스트는 살아있는 생물이므로 산소를 흡입하고 탄산가스를 배출한다. 이러한 호흡은 저장온도가 낮게 되면 감소한다. 즉, 0℃ 에서 5℃ 범위에서 보관 하는 것이 가장 좋으며 이 온도 내에서도 일정 온도로 저장 하는 것이 중요하다.

또한, 호흡 하는 동안 열을 발생하므로 통풍이 되는 곳에 저장하는 것이 좋다. 이스트는 −3℃ 이하에서는 수면 상태로 들어가나 이스트를 냉동시키고 다시 사용하기 위해 녹이고 하는 것은 활력을 나쁘게 한다.

냉동된 이스트를 너무 빨리 녹이게 되면 얼음결정으로부터 이스트 세포에 손상이 일어나 세포를 파괴하고 세포 속에 있는 글루타티온이 침출되어 빵 반죽이 끈적거리며 세포물질의 손실에 의해 발효력이 감소한다.

바. 이스트의 팽창작용

이스트는 포도당, 과당, 자당, 맥아당 등을 발효시키나 유당은 발효시키지 못한다. 반죽에 함유된 설탕은 이스트에 의해 바로 이용되지 못하고 이스트에 들어 있는 인베르타아제란 효소에 의해 단당류로 변화된 후 이용된다.

맥아당은 이스트에 들어있는 말타아제에 의해 포도당으로 분해된다.

이처럼 다양한 당분은 단당류로 전환됨에 따라 이스트 내에 존재하는 치마아제에 의해 탄산가스와 에틸알코올을 생성하며 이는 다른 과정을 더 거쳐서 반죽의 pH를 낮추는 원인이 된다. 이러한 발효의 주요 목적은 2차발효 중에 생성되는 이산화탄소를 적당하게 보유할 수 있도록 글루텐을 조절하는 것이다.

사. 건조 효모

이스트 현탁액을 분무 건조하여 입상 상태로 만든 것으로 건조에 대해 견뎌낼 수 있는 균주가 이용된다. 90~92%가 고형질이고 8~10%가 수분으로, 사용할 때에는 사용할 분량을 평량하여 그 무게의 4배되는 물을 40~43℃로 데운 후 5~10 분

정도 넣어서 충분히 수화 시킨 후에 사용한다. 사용량은 생이스트 즉 압착효모의 40~50%가 일반적이나 특성에 따라 가감한다.

장점으로는 보존력이 좋고 쉽게 재활성이 되며 다른 건조재료처럼 평량이 용이하다. 발효력이 균일하고 냉장고가 필요하지 않은 잇점이 있으나 찬물에 용해성이 나빠서 사용에 유의해야 하므로 현재에는 건조효모의 이러한 단점을 보완하여 배양액에서 분리한 이스트를 특수 가공하여 과립 모양으로 건조시킨 인스턴트 이스트가 일반적으로 사용된다.

인스턴트 이스트는 물에 잘녹고 분산성이 좋아서 믹싱할 때 다른 재료와 함께 직접 넣어 반죽한다. 압착 효모에 비해 색상과 풍미를 좋게 하므로 바게트 같은 하스 브레드에 이용되기도 한다.

아. 다른 미생물

식품에 관계하는 중요한 미생물은 곰팡이, 효모, 세균인데 우리나라에서는 미생물을 김치, 된장, 막걸리 등의 제조에 이용한 반면에 구미에서는 빵, 맥주, 치즈 등에 이용하였다. 미생물은 일반적으로 적당한 조건이라면 25~37℃ 정도에서 잘 번식하여 여러 가지 대사물을 생산한다. 일부 미생물은 우리 몸에 식중독을 일으킨다.

곰팡이가 빵에 실 모양으로 번식하는 것을 볼 수 있는 것처럼 곰팡이가 발육기관이 실 모양으로 되어 있어서 사상균이라고 한다. 처음에는 균사가 대체로 흰색이지만 발육함에 따라 포자를 형성하기 시작하여 청, 적, 황, 녹색 등의 특유의 빛깔을 내기도 한다.

곰팡이 번식은 주로 포자로 이루어진다. 포자는 공기 중에 날려 영양분이 있는 곳에서 번식한다. 일반적으로 곰팡이가 번식하는데 필요한 영양분은 전분과 단백질 등의 질소원과 인산, 마그네슘, 칼슘 등의 무기질이다.

식품에 관계가 깊은 곰팡이로는 푸른곰팡이, 거미줄곰팡이, 코지곰팡이, 털곰팡이 등이 있다. 이러한 미생물의 생육 최적조건은 이스트, 곰팡이, 박테리아 간에는 물론 각각의 종류 간에도 차이가 있다. 즉, pH에 대한 내구성은 일반적으로 박테리아, 이스트, 곰팡이 순이며 곰팡이와 이스트는 박테리아 보다 높은 삼투압에 견딜 수 있다. 예외적으로 설탕 속이나 젤리 속에 사는 곰팡이류도 있다.

수분 농도에 있어서도 곰팡이류는 보통 이스트나 박테리아 보다 낮은 수분 농도에서 견디는 힘이 강하다. 또한 온도에 있어 곰팡이, 이스트, 박테리아는 100℃에서 죽기 때문에 빵은 오븐에서 살균이 되나 일부 포자는 이 온도에서도 살아남아

조건이 좋을 때 다시 번식한다.

제빵에 사용되는 모든 재료에는 오염된 미생물이 번식할 가능성이 있으므로 상하기 쉬운 계란과 우유 등은 위생적인 취급이 필요하며, 크림 제조 시에는 최저 85℃ 이상으로 가열하여 오염을 최소로 한다. 크림을 충전용으로 사용할 때에도 차가운 상태로 냉장보관 후 사용하여야 하며 신선함을 유지하고 제조현장과 제조하는 사람의 위생관리도 철저히 이루어져야한다.

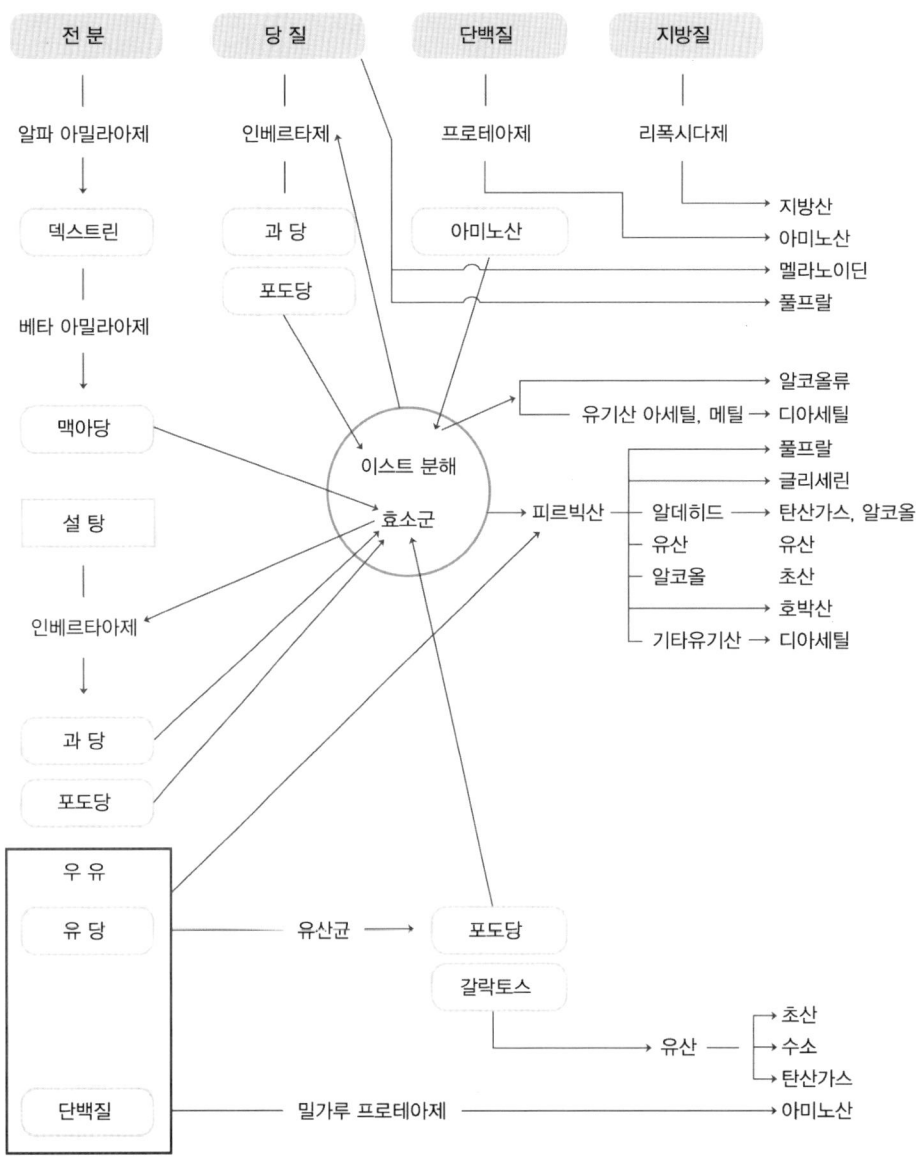

〈발효와 오븐에서 이스트 작용 기구〉

제 4 절 제빵 재료의 기능

1. 밀 가 루

가. 구 조

밀알은 배아(Germ), 내배유(Endosperm), 껍질부위(Bran)의 세부분으로 구분된다. 껍질 층은 질기고 가벼우나 내배유는 무겁고 잘 부서지기 때문에 분리하기가 쉽다.

(1) 배아

밀알 전체의 2~3%로 발아 하는 부위가 된다. 여기에는 지방이 함유되어 있으므로 저장 보관이 어려우나 단백질, 토코페롤 등이 약용으로 사용된다.

(2) 내배유

밀알의 약 83%로 밀가루를 구성하는 주재료가 되며 전분의 대부분은 여기에 저장된다. 전분은 단백질 격자에 싸여있어 경질밀의 강력분은 거친 특성을 갖고 연질밀로 만든 박력분은 고운 특성을 갖는다.

(3) 껍질 부위

껍질을 밀기울이라고 하며 전 밀알의 약 14%로 섬유질을 포함하므로 식품 가공에 이용되기도 한다.

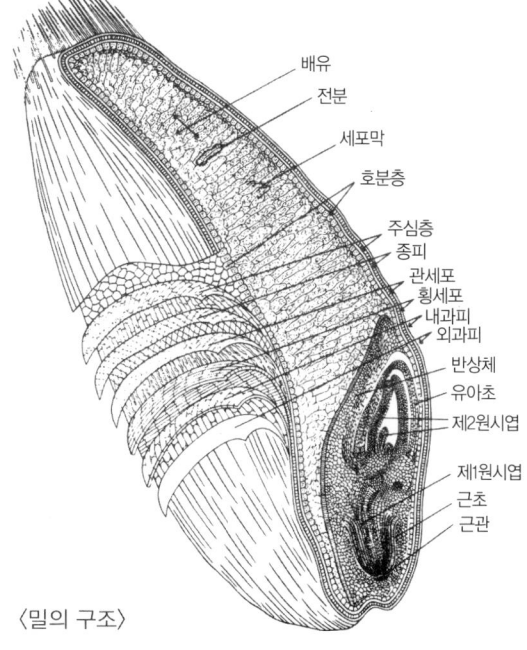

〈밀의 구조〉

〈제분공정〉

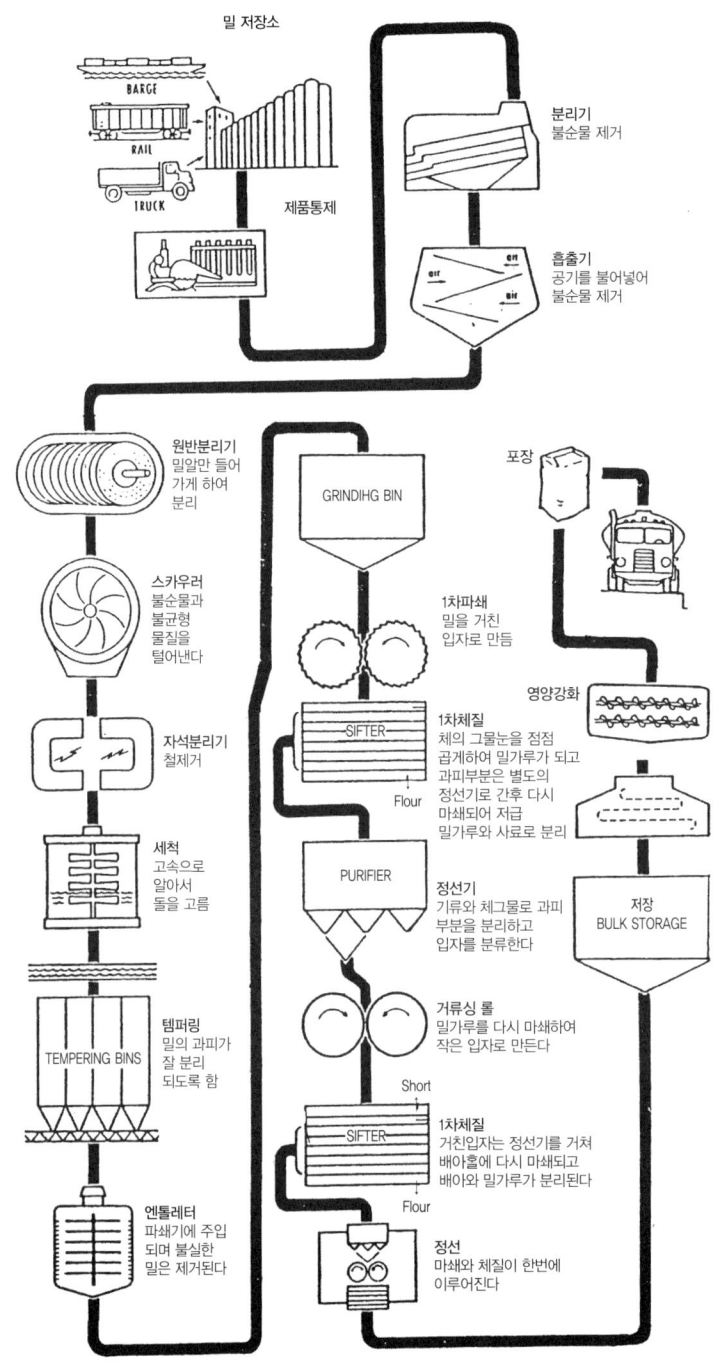

밀 저장소

BARGE

RAIL

TRUCK

제품통제

분리기
불순물 제거

흡출기
공기를 불어넣어
불순물 제거

원반분리기
밀알만 들어
가게 하여
분리

스카우러
불순물과
불균형
물질을
털어낸다

자석분리기
철제거

세척
고속으로
알아서
돌을 고름

템퍼링
밀의 과피가
잘 분리
되도록 함

TEMPERING BINS

엔톨레터
파쇄기에 주입
되며 불실한
밀은 제거된다

GRINDIHG BIN

1차파쇄
밀을 거친
입자로 만듬

SIFTER

Flour

1차체질
체의 그물눈을 점점
곱게하여 밀가루가 되고
과피부분은 별도의
정선기로 간후 다시
마쇄되어 저급
밀가루와 사료로 분리

PURIFIER

정선기
기류와 체그물로 과피
부분을 분리하고
입자를 분류한다

거류싱 롤
밀가루를 다시 마쇄하여
작은 입자로 만든다

Short

SIFTER

Flour

1차체질
거친입자는 정선기를 거쳐
배아홀에 다시 마쇄되고
배아와 밀가루가 분리된다

정선
마쇄와 체질이 한번에
이루어진다

포장

영양강화

저장
BULK STORAGE

나. 제 분

밀에는 흙, 짚, 씨앗 등의 불순물이 많으므로 이를 제거하고 배유 부분으로부터 가능한 완전히 껍질 부위와 배아 부위를 분리한다. 배유 부위의 전분이 손상되지 않게 가능한 최대로 고운 밀가루를 생산하여 수율을 높인다.

다. 용 도

(1) 제빵용 밀가루

제빵용 강력밀가루에는 일반적으로 단백질 함량이 10.5%이상, 회분은 0.4~0.5%가 함유된다. 하스 브레드에 사용되는 밀가루는 경질맥 (Hard wheat)에서 제분되어 단백질 함량이 13~14%가 들어 있으며 이것은 흡수율이 높고 믹싱 내구성이 좋다.

(2) 제과용 밀가루

박력분으로 연질맥 (Soft wheat)에서 제분되어 단백질 함량은 10% 이하로 평균 7~9%의 단백질 함량과 0.4% 이하의 회분을 함유한다. 쿠키용은 단백질 함량이 8.5%, 크래커용은 9.5~10%로 세분화 되어지며, 이들은 흡수율이 낮고 믹싱 내구성이 약하다.

라. 밀가루 구성

밀가루와 밀의 성분			
성 분	밀(%)	밀가루(%)	과 피(%)
수 분	12.00	13.50	13.00
회 분	1.80	0.40	5.80
단 백 질	12.00	11.00	15.40
섬 유 소	2.20	0.25	9.00
지 방	2.10	1.25	3.60
무질소 물	69.90	73.60	53.20

(1) 광물질

회분의 구성은 다음과 같다. P_2O_5(49%), K_2O(35%), MgO(10%), CaO(4%), Na_2O (0.5%), $Fe_2O_3 \cdot Al_2O_3$(0.5%), SO_3(0.3%), CL(0.2%), SiO_2(미량).

(2) 회분 함량의 의미

껍질부위의 회분이 많고 적음에 따라 정제도를 나타내기도 하나 여러 밀가루의 조합에 따라 회분 함량이 조절되므로 제빵 적성을 대변하는 것은 아니다.

일반적으로 연질맥은 경질맥에 비해 회분 함량이 낮다.

(3) 단백질

① 글루텐

밀가루에 물을 가하여 반죽할 때 형성되는 단백질 복합물을 가리키며 글루텐에는 밀가루에 들어있는 단백질의 약 90%가 함유되어 있다.

② 글루텐의 성분

건조 글루텐은 단백질 80%, 전분 10%, 지방 6%, 회분 3%, 섬유질 1%로 이루어졌다. 젖은 글루텐은 물 67%, 단백질 26.4%, 전분 3.3%, 지방 2.0%, 회분 1.0%, 섬유질 0.3%로 조성되어 있다. 글루텐은 건조중량의 약 3배의 물을 흡수한다.

③ 글루텐 단백질의 성분

알코올에 용해성이 있는 글리아딘이 36%로 가장 많고 다음으로는 글루테닌이 20%이며 메소닌은 17%를 차지하고 묽은 초산에 용해하는 성질이 있다. 글리아딘, 글루테닌, 메소닌은 물에 녹지 않으나 밀가루에 물이 가해지면 먼저 글루테닌이 팽윤되면서 글리아딘, 메소닌과 일부 수용성 단백질을 흡수하여 글루텐이란 새로운 물질을 형성한다.

글루텐은 아미노산으로 이루어졌으며 그중 글루탐산은 많은 양이 있으나 리신은 결핍되어 있다. 또한 시스테인 함량은 밀가루에 필요한 숙성과 산화에 영향을 미친다.

④ 단백질 함량과 제품

밀을 수확한 해의 강우량, 토양, 지리적 조건 등에 따라 밀가루 단백질 함량의 변화가 온다. 밀가루 단백질은 글루텐의 발전 외에도 믹싱과 반죽의 특성 및 완제품에 구조력을 제공한다. 다른 곡물과 달리 밀가루는 글루텐을 형성하는 특성 때문

〈레일 밑으로 밀하차〉

〈밀 저장 창고〉

에 빵을 만들 수 있다.

전립분처럼 100%를 추출한 밀가루는 밀의 배아가 글루텐을 부드럽게 하며 밀기울의 양이 많아 반죽의 힘이 약하다. 액과의 바깥부분 단백질이 배유에 들어있는 단백질 보다 강하고 단단하다.

제빵 특성에 있어 단백질의 질은 양보다 더욱 중요한 요소이므로 제분업자가 높은 단백질 함량의 밀과 그렇지 않은 밀을 적절히 혼합시켜 단백질 양과 특성을 조절하는 것이 필요하다.

(4) 탄수화물

용해성 탄수화물은 밀가루에 1~1.5%의 자당과 소량의 맥아당, 포도당, 과당과 용해성 덱스트린 등 이다. 제분공정 동안 소량의 전분 입자들이 깨어져 용해성을 쉽게 한다. 그러나 제분이 지나치면 많은 입자가 깨어져 밀가루의 질이 낮아지기도 한다. 이러한 용해성 탄수화물은 대부분 발효되는 동안 이스트에 의해 소모된다.

(5) 전분

전분은 밀가루 무게의 약 70%를 차지한다. 전분입자는 크기에 따라 두 가지로 분류하며 작은 구형 입자는 직경이 5~15 미크론, 큰 것은 20~35 미크론이다. 젤라틴화 온도는 농도, pH 및 기타요소에 의해 영향을 받으나 일반적으로 56~60℃에서 일어난다.

밀 전분은 19~26%의 아밀로오스와 74~81%의 아밀로펙틴으로 이루어졌으며 믹싱 시간과 반죽 특성에 영향을 미친다. 용해성 전분의 수화와 밀가루 효소에 의한 깨어진 전분 입자의 변화를 제외하고 발효가 일어나는 동안 전분은 조금의 변화도 갖지 않는다. 또한 빵이 주저앉는 것은 제빵 과정에 따른 빵의 내부구조를 유지하는 전분의 부족으로 일어나기도 한다. 밀가루에 효소를 공급하는 경우는 적절한 겔의 특성을 전분에 제공하기 위한 목적이다.

(6) 지방

밀가루 무게의 1.5~2%가 지방 성분이다. 이러한 지방은 인과 복합물을 형성하는 인지질이다. 등급이 낮은 밀가루는 지방질 함량이 많아 저장 중에 산패의 위험이 있으므로 지방 함량이 높은 배아가 혼입되지 않도록 제분 하여야한다.

(7) 효소

밀가루에는 제빵에 필수적인 몇가지 효소를 함유하고 있다. 베타 아밀라아제는 덱스트린과 용해성 전분의 일부를 맥아당으로 전환시킨다. 맥아당의 적정수준 유지는 이스트 발효에 필수적이다.

베타 아밀라아제는 열에 의해 쉽게 불활성화 되므로 대부분의 활성은 발효가 일어나는 동안에 이루어진다. 손상되지 않은 전분은 효소의 작용이 이루어지지 않으므로 베타 아밀라아제는 용해성 덱스트린, 용해성 전분과 깨어진 전분 입자에만 작용한다.

알파 아밀라아제는 용해성 전분을 덱스트린으로 전환시키는 효소이다. 이는 베타 아밀라아제와는 반대로 대체로 열에 안정해서 70~75℃에서도 존재할 수 있다. 효소는 밀의 액과에서 싹이 트는 초기단계에 생성되나 현대화된 오늘날의 수확 방법은 밀이 싹이 트는 기회를 거의 없게 하므로 밀가루에는 디아스타제 활력이 결핍되어 있다. 이것을 보충하기 위해서 제분시 맥아가루를 혼합한다. 이처럼 맥아가루는 밀가루나 반죽에 첨가되어 이스트의 발효성 당의 공급에 의해서 가스 생산을 증가 시킨다.

프로테아제는 단백질을 분해시키는 효소로 반죽 다루기의 특성을 증가시키기 위해 믹싱 시간이 길 때나 강한 밀가루일 경우에 첨가된다. 프로테아제는 글루텐을 약하게 하여 반죽의 믹싱 시간이 짧아지고 반죽의 연화를 촉진 시키므로 밀가루에 과량으로 함유 되는 것은 바람직하지 않다. 그러므로 필요한 프로테아제의 양은 밀가루에 의해 제조된 반죽의 되기 정도에 따라 변경 되어야 한다.

이러한 변경과 더불어 정확한 온도 조절은 매우 중요하다. 왜냐하면 대부분의 다른 효소처럼 온도에 따라 변화하기 때문이다. 1℃의 온도가 차이남에 따라 효소의 활력은 10%의 변화를 가져온다. 이처럼 온도는 중요한 요소로 조심스럽게 조절되어야 한다. 밀가루에는 리파아제란 효소가 존재하나 이는 제빵에 있어서는 중요하지 않다.

(8) 비타민

티아민, 리보플라빈, 나이아신 등이 밀에 포함되어 있으나 제분 공정에서 손실된다. 손실된 영양을 보강하기 위하여 합성 비타민을 밀가루에 첨가 하거나 강화 정제 알약을 반죽에 넣기도 한다. 밀의 배아는 비타민 E를 함유하고 있으며 영양가가 높으나 글루텐을 부드럽게 하는 환원제가 포함되어 있어 부드럽고 끈적끈적한 반죽을 만든다. 열처리된 밀의 배아를 반죽에 혼합하여 영양가와 향을 높이는데 이용하기도 한다.

(9) 기타

밀가루에는 여러 다른 물질들이 함유돼 있는데 이들중에는 그 기능이 자세하게 알려져있지 않은 것들도 있다. 아세트산, 주석산, 유산 같은 유기산도 있으며 곰팡이나 박테리아 포자와 카로틴 색소 등도 있다.

마. 밀가루 선택

좋은 품질의 제품을 생산하기 위해서는 다음과 같은 여러 가지 기준에 의해 밀가루를 선택하는 것이 바람직 하다.

(1) 색

밀가루의 색은 완제품에 영향을 미치므로 매우 중요하다. 밝은 색을 얻기 위해서는 밀의 선택을 잘해야 한다. 즉 밀알의 중앙 부분을 사용해야 바깥부분에 존재하는 색소 물질이 제거될 수 있다.

밀가루의 올바른 색은 활기를 띠어야 하며 단조롭거나 어두운 색이 아니어야 한다. 비표백 밀가루는 카로틴 색소로 인하여 크림색을 띠게 된다.

(2) 힘

밀가루의 힘이란 가루상태로 산처럼 쌓을 때 크게 잘 쌓여 높아지는 것을 말한다. 반죽의 글루텐은 신장성을 지녀야하며 거친 것은 바람직 하지 않다. 밀가루 단백질의 양과 질이 중요한 요소이다.

(3) 내구성

밀가루의 내구성이란 발효시간이 오래 되어도 만족할 말한 제품이 생산되는 것을 말한다.

(4) 높은 흡수력

높은 흡수력이란 밀가루가 반죽에 최대의 수분을 갖게 하여 좋은 품질의 빵을 만들 수 있게하는 것을 말한다.

(5) 균일성

같은 지역으로부터 같은 타입의 밀을 선적하는 것은 균일한 품질을 기대할 수 있게한다.

수분 흡수 속도는 크기가 다르거나 표면적과 부피 등의 차이에 의한 입자의 다양성에 달려있다. 제빵용 밀가루에서는 불규칙한 입자는 그다지 중요하지 않으나 과자용 밀가루는 일정한 입자라야만 한다.

바. 표백과 숙성

(1) 표백

밀가루의 천연 크림색이나 노란 빛깔은 식물성 색소인 카로티노이드 존재에 기인한다. 이러한 색소는 염소나 다른 산화제에 의해 파괴된다. 밀가루를 표백할 경우에는 염소나 산화제를 사용하여 색을 밝게 한다. 이런 색소는 공기중의 산소에 의해서도 파괴되나 저장에 오랜 시일이 경과되면 분자구조는 긴 불포화 탄소사슬을 가지고 있어 산소나 염소가 쉽게 이중결합에 작용하여 무색 화합물을 만든다.

(2) 숙성

숙성은 밀가루에 활력을 제공하며 기계적 적성을 향상 시키고 반죽을 좋게 한다. 제분 한 후 밀가루를 적절한 조건에서 충분히 저장시키면 제품의 질이 좋아진다. 산화제의 사용은 저장기간을 감소시킨다. 이처럼 숙성된 밀가루로 제조된 빵은 물리적 변화로 더 좋은 색깔이 되고 고운 속결과 기공을 만든다.

(3) 효소적 표백

산화는 효소 활동에 의해서도 이루어지며 이러한 밀가루는 화학적으로 표백된 밀가루로 만든 빵처럼 흰색을 유지하는 것이 가능하다. 대두와 옥수수 가루에서 얻는 리폭시다제라는 산화효소를 반죽에 첨가하면 발효 동안 색소를 파괴하는 작용을 한다.

2. 감미제

감미제는 제빵에 있어 여러 가지 역할을 하는 중요한 재료이다. 더 이상 가수분해 되지 않는 단당류의 하나인 포도당은 옥수수 전분인 경우 전분을 산이나 효소로 처리하여 제조되므로 콘슈거로 불린다. 과당은 과일에 함유되어 있고 자당은 포도당 한 분자와 과당 한 분자로 이루어졌으며 맥아당은 포도당 두 분자로 이루어졌다.

가. 당의 종류

(1) 자당 (Sucrose)

자당은 설탕이라고도 불리우며 사탕수수나 사탕무우로부터 얻어진다. 원당의 외형은 황갈색 또는 갈색으로 사탕수수의 농축으로 얻어진 거칠은 입자형 고형분이다. 사탕무우는 여러 공정을 거쳐 용해성 물질을 추출 가공하여 상품으로 만든다.

오늘날에는 제빵에 이용되기 쉽게 자당의 유도체나 여러 형태로 만들어져 입자가 고운 것은 과자제조, 코팅 등에 쓰이고 거친 것은 시럽 종류에 쓰인다.

(2) 그라뉴당 (Granulated sugar)

이는 현재 가장 보편적으로 사용되는 당중의 하나로 용도에 따라 다양하게 만들어 진다. 순도나 청결도가 가장 높아 고도로 정제 된 것은 순도가 거의 100%이다. 약간 큰 입자는 쿠키 등의 토핑에 사용한다.

(3) 분당 (Powdered sugar)

입자의 크기에 따라 2x에서 12x로 나뉘어 숫자가 클수록 입자가 더 곱다. 가장 보편적으로 사용되는 분당은 6x나 12x며, 6x는 케이크 도넛 코팅용으로 쓰이고 입 안의 촉감이 좋다. 저장 중에 덩어리가 되는 것을 방지하기 위하여 아주고운 전분을 3% 정도 섞는다.

(4) 전화당 (Invert sugar)

설탕용액을 산이나 효소로 처리하여 포도당과 과당으로 전화 시킨 것이다. 전화당은 감미가 높고 보습성이 크므로 제품의 보존기간을 연장시킨다. 전화당 시럽은 여러 종류의 아이싱에 윤이 나게 하거나 유연성을 필요로 할 때 사용한다. 감미가 상당히 강하여 케이크, 퐁당, 아이싱의 원료로 이용하고 케이크 표면에 색을 들이기에도 알맞다.

(5) 황설탕 (Brown sugar)

갈색당은 자당과 당밀의 혼합물이다. 황설탕은 엷은 색에서 짙은 갈색까지 여러 종류가 있다. 대부분의 갈색 당은 85~90%의 설탕입자와 10~15%의 당밀을 함유한다. 수분함량은 3~6%로 이보다 높으면 덩어리가 생긴다.

황설탕은 단맛을 낼뿐 아니라 향이 좋으며 색깔이 진할수록 당밀의 진한 향이 난다.

설탕의 용해도

온도℃	용액에 대한 설탕(%)	100㎖의 물에 용해하는 설탕량
0	64.18	179.2
10	65.58	190.5
20	67.09	203.9
30	68.70	219.5
40	70.42	238.1
50	72.25	260.4
90	80.61	415.7
100	82.97	487.2

(6) 물엿 (Corn syrup)

옥수수 전분은 포도당의 중합체로 이루어졌으므로 효소나 산에 의해 분해된다. 이러한 전분당은 단당류, 이당류, 다당류 등의 복합물을 형성하여 전환 정도에 따라 발효성 당과 감미성 당의 두 가지 특성을 지닌다. 이렇게 포도당으로 전환된 정도의 지표를 당화율 (Dextrose equivalent)로 표시하기도 한다.

물엿은 점조성을 지닌 텍스트린의 특성과 맥아당, 포도당의 감미가 더해져 강한 보습성을 지니며 설탕시럽 제조시 재결정 방지를 위해 사용한다.

(7) 포도당 (Glucose, dextrose)

포도당은 물엿을 완전히 전환시켜 제조한 것이다. 액당을 정제, 농축하여 결정화 시키는 조건에 따라 함수결정포도당, 무수결정포도당, 정제포도당으로 나누어진다. 자당에 비해 낮은 온도에서는 용해도가 작고 삼투압이 높으며 감미가 낮다. 또한 이스트가 쉽게 이용하며 낮은 온도와 pH에서 캐러멜화 하여 껍질색이 좋아진다. 입자가 고운 것은 아이싱이나 도넛 코팅용으로 이용되며 입에서 용해될 때에 시원한 느낌을 준다.

나. 감미제의 기능

이스트 발효 제품에서의 기능은 다음과 같다.

① 당은 발효가 진행되는 동안 이스트에 발효성 탄수화물을 공급한다.
② 이스트에 의해 소비되고 남은 당은 밀가루 단백질과 환원당과 작용하는 마이얄 반응과 캐러멜화를 통해 진한 껍질색이 된다.
③ 휘발성 산이나 알데히드 같은 화합물의 생성으로 향을 제공한다.
④ 속결, 기공, 내상을 매끈하고 부드럽게 한다.
⑤ 수분 보유력이 있으므로 제품의 보존기간을 연장하고 수율을 높인다.

다. 감미도 및 저장조건

(1) 감미도

감미도는 종류, 농도, pH 등에 따라 다양하다. 설탕을 100으로 한 일반적인 감미도는 아래와 같다.

자 당	100	포도당	70~80	솔비톨	60
과 당	175	맥아당	30	만니톨	40
전화당	120~130	유 당	15~20	갈락토스	32

(2) 저장조건

시럽의 저장조건은 결정화를 막기 위해 용도에 맞춰 저장해야 한다.

감미제의 종류	저장온도
물엿 43,62 D.E	32~38도
물엿 95 D.E	54도
전화당	32도

라. 껍질 색에의 영향

감미제는 종류에 따라 여러 가지 색을 내므로 감미제 선택에 주의해야 한다. 자당은 변색된 붉은색을 낸다. 그러나 발효하는 동안에 자당은 포도당과 과당으로 바뀌고 포도당은 과당보다 빨리 발효되므로 자당을 사용하면 붉은 갈색을 나타내는 경향이 있다. 콘시럽을 사용하면 껍질색은 금빛 갈색을 낸다.

3. 유지 (Fats & oils)

가. 쇼트닝용 지방

쇼트닝은 사용자가 원하는 특성에 따라 복합적으로 제조 된다. 예를 들면 코코넛 기름은 안정성과 독특한 촉감을 갖고 있으며 38℃에서 액체화 한다. 그러나 페이스트리용 유지는 넓은 온도 범위에서 가소성이 있다. 이러한 가소성 유지는 결정체와 액체 기름의 혼합물로 보통 20~30%가 고형질인 반면 70~80%가 액체유인 것이다.

대두유 같은 액체유는 부분적으로 수소가 첨가되고 항산화제로 처리되어 사용된다. 불포화 지방산을 많이 함유하고 있는 융점이 낮은 지방은 이러한 목적에 부적합하다.

나. 쇼트닝의 형태

쇼트닝에는 여러 가지 형태가 있으며 이는 재료사용에 의하거나 처리과정이나 특별한 용도에 적합한 특성으로 구분한다.

(1) 라드 (Lard)

돼지기름에서 얻어진 순수한 라드는 견고한 밀도와 거친 결정구조로 되어있다. 이러한 특성으로 크림성이 나쁘며 다른 지방과 혼합하여 사용할 때에도 영향을 미친다. 그러나 쇼트닝으로서의 힘이 좋고, 제품에 바삭바삭한 특성과 독특한 향을 주므로 일반쿠키와 크래커 제조에 바람직하다.

(2) 일반 쇼트닝

폭넓은 사용을 목적으로 제조된 것으로 야자유, 팜유 등 식물성 고형유지를 사용하여 제조한 반고체 상태의 가소성을 가진 유지로 수분이 거의 없는 지방으로 이루어졌다.

(3) 경화 쇼트닝

경화 쇼트닝은 기름에 바람직한 융점과 밀도를 가질 때까지 수소첨가를 하여 제조한 것이다. 일반 쇼트닝에 비해 가소성이 좋으며 균일하게 제조된다. 가소성의 범위는 일반 쇼트닝이 16~27℃ 인데 비해 10~35℃ 범위로 생산된다. 식물성 기름과 동물성 지방을 섞어 수소를 첨가하여 원하는 포화 정도에 맞추어 제조된다.

(4) 액체 쇼트닝

액체 쇼트닝은 경화 지방, 높은 융점의 지방 등과 유화제 화합물을 식물성 기름에 현탁 시키거나 분포시켜 제조한 것으로 탱크에 대량으로 쉽게 저장되며 18~32℃ 에서 액체상으로 존재한다.

(5) 유화 쇼트닝

유화 쇼트닝은 다량의 수분과 설탕을 사용하여 고운 기공, 부드러운 속결, 수분 보유가 좋은 제품을 만들기 위해 계면활성이 있는 모노 글리세리드와 같은 유화제를 첨가 하였고, 공기 포집력을 좋게 하기 위해 폴리솔베이트와 솔비톨 등을 첨가한다. 그러나, 높은 온도에 의해 유리 지방산이 쉽게 생겨서 발연 현상을 일으키므로 튀김 기름으로는 부적당하다.

다. 버터와 마가린

(1) 버터

우유에서 지방을 분리하여 휘저어 지방입자가 엉기게 한 후 굳힌 것으로 젖산균을 넣어 발효시킨 발효 버터와 무발효 버터가 있다. 소금을 넣은 가염버터와 무염버터로 구분하기도 하며 버터에 식물성 유지를 섞어서 만든 컴파운드 버터 등이 있다.

버터는 기름에 물이 분산되어 있는 유탁액으로 맛과 향이 뛰어나 제빵 · 제과에 널리 사용된다. 버터의 향은 버터지방에 존재하는 뷰티르산, 유당의 발효로 만들어진 유산과 디아세틸에 의한 것이다.

80~81%의 버터지방과 14~16%의 수분으로 구성되어 있다. 또한 버터는 가소성의 범위가 좁아 18~21℃에서 작업하는 것이 좋으며 크림성은 좋지않다.

(2) 마가린

마가린은 버터의 대용품으로 만들어졌으며 기름에 물이 분산되어있는 유탁액으로 80%의 지방에 물과 유고형분, 소금, 유화제 등이 혼합되어 있다. 수소첨가된 대두유, 면실유, 코코넛 기름 같은 지방이 사용된다. 가정용 마가린은 좋은 퍼짐성으로 입안에서 빨리 녹으며 버터와 비슷한 향이 있으나 제빵용 마가린은 조밀한 밀도를 갖고 높은 융점을 지니며, 반죽에 사용하기 적합하게 넓은 가소성 영역을 가져야 한다.

라. 튀김용 기름

정상적인 튀김 온도인 185~196℃에서 지방이 변질되는 것은 가수분해와 대기중의 산소에 의한 산패이다. 가수분해는 튀겨질 때 반죽에서 나온 수분이 지방에 작용하여 지방을 파괴하는 기름과 물과의 반응이다. 가수분해가 지나치면 지방에서 거품이 일고 연기가 나며 제품의 껍질색이 진하고, 모양이 거칠며 일정하지 않게 된다.

산화는 공기중의 산소와 지방산의 이중결합이 반응해서 알코올, 알데히드, 산을 생성하며 특이한 산패취를 나타낸다. 산패는 뜨거운 기름이 공기, 열, 수분, 금속 등에 노출됨으로 가속화 된다.

지방의 파괴속도는 온도가 204℃ 이상에서 빠르게 진행된다. 따라서 튀김 기름은 허용된 항산화제를 함유하고 최고 10% 야자유를 포함하는 부분적으로 수소첨가된 동물성과 식물성 지방이 사용되기도 한다.

야자유 양이 많으면 표면에서 건조되는 속도를 느리게 해서 당 코팅을 녹이는 결과를 초래한다.

마. 식물성 기름의 제조공정

(1) 정제

식물에서 얻어진 식물성 원유에는 약 4~10%의 유리지방산과 카로틴 같은 색소물질, 지용성 비타민 A, E, K와 천연 항산화제, 고무질, 수지 등 여러 가지 물질이 함유되어 있다. 과량의 유리 지방산은 수산화나트륨 같은 알칼리로 검화하고 불순물은 흡착시켜 제거한다.

(2) 표백

양질의 고급 쇼트닝을 제조하기 위해서는 정제된 기름을 가열하여 소량의 산성백토로 처리하고 여과한다. 용도에 따라 조리용, 샐러드용, 쇼트닝용으로 분리한다.

(3) 수소첨가

정제된 기름에 니켈을 촉매로 수소가스를 통과시켜 불포화 지방에 수소를 첨가시킨다. 수소첨가 정도에 따라 융점, 강도, 안정성, 물리성 등이 달라진다. 이외에도 탈취, 급냉 및 템퍼링등의 공정을 거쳐 제조된다.

바. 기 타

(1) 쇼트닝의 저장

모든 쇼트닝은 입자조직을 생성하기 위해 일정기간 동안 템퍼링 시키므로 이러한 입자조직이 변경되지 않는 조건에 저장한다.

쇼트닝은 고온에서 장시간 노출되면 다시 실온으로 내리더라도 크림화 되는 특성을 상실하므로 저장온도는 매우 중요하다. 또한 쇼트닝은 빛과 산소를 피하고, 나쁜 향을 흡수하는데 민감하므로 향이 변질되는 물질에 노출되지 않도록 해야 한다.

(2) 제빵에서 유지의 기능

반죽에 윤활작용을 하고 제품의 부피증가를 돕는다. 제품의 슬라이싱을 돕고 식감을 개선하고 노화를 늦추어 보존성을 좋게 한다.

4. 우유와 우유제품

우유는 수분, 단백질, 유당, 무기질로 구성되어 있다. 이들의 용해액 중에 지방입자가 고르게 분산되어 있는 일종의 유탁액으로 6000년 전부터 인간의 식품으로 사용되어 왔다.

가. 우유의 구성성분

수분 87.75% 와 고형질 12.25%로 구성되어 있으며 고형질 중에는 지방 3.5%, 단백질 3.25%, 광물질 0.75%, 락토오스 4.75%가 들어있다.

(1) 유지방

우유의 비중이 1.025~1.035인대 비해 지방은 비중이 0.92~0.94로 낮기 때문에 크림으로 분리하기가 쉽다. 원래는 무색, 무미, 무취의 지방이지만 카로틴과 휘발산 등은 노란색과 특유의 향을 지닌다. 빵의 조직을 부드럽게 하는 기능을 갖고 있다.

(2) 유단백

우유의 주요 단백질은 카세인, 락토알부민 등이다. 카세인은 우유 단백질의 75~80%를 차지하고 산에 의해 응고되나 열에 의해서는 응고 되지 않는다. 반면에 유단백질의 20%를 차지하는 락토알부민은 열에 의해 응고되나 산에 의해선 응고 되지 않는다. 우유 단백질에는 곡물에 부족한 리신을 비롯한 여러 가지 필수아미노산이 고루 함유되어 있다.

(3) 유당

우유에 들어있는 유일한 당으로 약한 단맛을 지니며 제빵용 이스트에는 발효되지 않는다. 유산균에 의해 유산이나 초산 등으로 분해되어 신맛과 방향성 물질을 생성한다.

(4) 무기질

우유에는 칼슘, 인, 마그네슘 등 광물질이 많이 들어 있으나 칼슘, 인이 대부분이며 철의 함량은 적다. 우유에 들어있는 무기질이 용액 상태로 녹아 있는 것이 아니라 칼슘, 인, 마그네슘의 일부는 우유 카세인과 결합되어 있다.

(5) 효소와 비타민

프로테아제, 리파제, 산화효소 등 상당한 종류의 효소가 들어 있으나 살균처리 과정이나 분유 제조시에 불활성이 되기 쉽다. 비타민 A, 리보플라빈, 티아민 등 여러 종류가 함유되어 있으나 D와 E는 결핍되어 있다.

나. 유제품 공업

우유의 수분을 원래 부피의 1/3이나 1/4로 농축시켜 포도당이나 설탕을 넣은 것을 가당연유라 하고 원부피의 1/2로 농축한 것은 무당연유라 한다.

가당연유는 보존성이 좋다. 치즈는 원유를 살균하여 렌넷이란 효소로 응고, 숙성시킨 것으로 수분 함량에 따라 경질, 연질치즈로 나눈다.

발효과정이 생략된 가공치즈 (Process cheese)와 수개월에서 수년간 숙성시킨 자연치즈 (Natural cheese)로 구분하기도 한다. 빵에 발라먹는 치즈 스프레드 처럼 수분이 50~60%, 지방 함량이 20% 이상인 것도 있다.

분유는 드럼건조나 분무건조 방식에 의해 제조된다. 전지분유는 건조하고 선선한 곳에 저장하여야 하며 탈지분유는 전지분유보다 보존성이 좋으나 건조하고 냄새가 없는 곳에 보관 하여야 한다. 공기중에 오래 노출되면 수분을 흡수하며 수분 함량이 5%를 넘게 되면 덩어리가 되기 쉽고 변성은 급격히 이루어진다.

다. 탈지분유의 기능

밀가루에 대해 4~6% 사용으로 다음과 같은 작용을 한다.

①믹싱 내구성을 높인다. 따라서 분유를 사용한 반죽은 오버 믹싱에 대한 내구력이 좋다.
② 흡수율을 증가 시킨다. 분유 1% 증가 사용에 물 1%를 추가 흡수한다.
③ 발효 내구성을 증가시킨다. 이는 분유의 완충작용에 기인한다.
④제품의 부피증가, 터짐과 찢어짐 (Break & Shred) 증가, 껍질색 개선과 완제품의 기공과 속결을 개선한다.

5. 계 란

가. 구 성

계란의 구성비는 껍질이 10~12%, 흰자가 55~63%, 노른자가 26~33% 이며 계란의 크기가 클수록 노른자 비율은 감소하고 흰자의 비율은 증가한다. 비타민 C와 섬유질을 제외한 모든 영양소가 골고루 들어있다. 흰자의 단백질인 글로불린에 의해 기포성이 있으며 노른자의 레시틴에 의한 유화성은 마요네즈를 만드는데 이용된다.

껍질에는 작은 기공이 있어 수분의 증발, 탄산가스의 배출, 세균의 침입이 일어난다. 흰자는 수분이 88%이며 비중은 1.04이고 pH 8.5 정도이다.

나. 영양가 및 오염

계란은 영양가가 높아 빵 제품의 식품으로서의 가치를 상승시킨다. 계란은 우유에 부족한 철분이 많을 뿐 아니라 칼슘, 인 등의 광물질 성분이 골고루 들어 있다. 그러나 계란은 껍질에 의해 박테리아에 오염되기 쉽다. 특히 습도와 온도가 높은 상태에선 껍질에 곰팡이나 박테리아의 성장이 증가 하므로 더욱 주의 하여야 한다. 계란의 신선도를 조사하려면 투시 검란법을 이용하거나 소금물에 넣는 비중에 의한 선별법을 이용한다.

생계란은 냉장온도에서 보관하며 여름철엔 살모넬라에 의한 오염의 위험이 커서 커스터드 크림 제조 시에는 철저한 위생관리가 요구된다.

다. 냉동계란

유해 미생물의 오염 등 위생문제 때문에 계란을 살균 처리하여 냉동계란이나 분말계란으로 사용하기도 한다. 계란이 냉동 작업실에 들어오게 되면 신선함과 질을 측정하여 계란을 깬 후 필요하다면 노른자와 흰자를 분리한다. 따라서 동결란은 동결전란, 동결난백, 동결난황의 세 종류가 있다.

노른자는 냉동에 의해 굳어지기 쉬우므로 설탕, 글리세린, 안정제를 첨가하며 설탕은 5~15%가 사용된다. 그러나 변질 방지를 위해 사용 직전까지 냉장보관 하여야 하며 한번 녹인 것은 2일 이내에 사용하는 것이 좋다.

냉동란을 해동하는 방법 중의 하나는 흐르는 물에 5~6시간 담가 녹여서 잘 혼합하여 사용한다. 이러한 냉동란의 장점은 계란을 깰 때 흰자의 손실을 줄이고, 노동력과 시간을 줄이며, 저장 장소가 넓지 않고 품질이 균일하다는 점이다.

라. 분말계란

계란을 세척 소독하여 박테리아 양을 줄이고 정선기를 거쳐 흰자 속에 0.38% 들어있는 포도당을 제거하여 갈변반응과 이취 발생을 방지한다.

동결건조는 냉동과정과 어떤 점에선 동일하나 분무건조에 있어서는 액체란이 분무되어 71~77℃의 뜨거운 공기를 통과함에 따라 바닥에 분말로 모여져 냉각 포장된다. 분말계란은 액란에 비해서 기포성과 품질의 저하가 발생할 수 있으므로 냉과, 인스턴트식품 등에 사용된다.

마. 계란의 기능

필수아미노산을 고루 갖추어 빵의 영양가를 높이고 제품의 향, 속결, 풍미를 개선한다. 제품의 껍질과 내상에 먹음직스런 색깔을 낸다. 여러 가지 재료들을 결합시키는 역할을 하며 유화력이 있으므로 완제품의 저장성을 증가시킨다.

6. 물

동식물 및 식품의 필수 구성 물질로 제빵의 필수 재료이다. 물은 탄수화물이나 단백질 분자의 일부분을 차지하는 결합수 (Binding water)와 용질을 녹이는 용매로 작용하는 자유수 (Free water)의 두 형태로 존재 한다. 물에 녹아있는 무기질의 종류와 양에 따라 산성수와 알칼리수, 증류수, 연수, 경수 등으로 분류한다. 물에 녹아있는 광물질의 백만분 단위인 P.P.M을 사용하여 물의 경도를 표시한다.

가. 연수 (Soft water)

물에 용해된 무기질 함량이 낮은 증류수나 빗물 등이 이에 속하며 단물이라고도 한다. 연수일 경우에는 이스트 푸드를 사용하여 물의 경도를 이스트가 좋아하는 아경수로 높여 발효를 돕는다.

나. 경수 (Hard water)

물에 포함된 무기질의 정도에 따라 아경수, 경수로 구분할 수 있고, 탄산칼슘 같은 탄산염이 들어있어 가열 처리에 따라 물의 경도가 낮아지는 일시적 경수와, 황산염이 들어있어 가열해도 경도가 낮아지지 않는 영구적 경수로 나눈다.

다. 제빵 에서 물의 기능

반죽의 온도를 조절하며 밀가루 단백질과 결합하여 글루텐 형성을 돕는다. 반죽의 유동성을 조절하고 소금, 설탕 같은 수용성 성분의 재료를 분산시킨다. 또한, 효소에 활성을 제공하여 발효가 이루어지게 하며, 굽기중 전분을 호화시켜 소화 흡수가 잘되는 알파전분으로 전환시킨다.

라. 물의 형태와 발효

이처럼 경수는 글루텐을 질기게하여 발효를 저해하므로 흡수량과 믹싱 시간을 늘리고, 이스트 사용량을 증가시키며, 발효온도를 높이거나, 발효시간을 연장한다.

연수는 반죽을 질게 하여 가스 보유력이 약해지고 글루텐의 결합을 돕는 광물질의 결여로 반죽은 부드럽고 끈적거리며 가스 보유력이 감소한다. 소금물은 삼투압으로 인하여 이스트 활력에 저해를 가져오며 알칼리수는 발효를 늦추는 경향이 있다.

물의 형태	가스 생산	가스 보유	처 리
연 수 0~120ppm	없 음	글루텐 연화	이스트푸드 증가 소금 증가
아 경 수 120~180ppm	정 상	양 호	
일시적 경수 180ppm 이상	발효지연	글루텐을 경화	끓이거나 약산을 가하여 여과
영구적 경수 180ppm 이상	발효지연	글루텐을 경화	효소 첨가, 발효 연장, 이스트푸드 감소, 이스트량 증가
염 수	발효지연	글루텐을 경화	배합에서 소금량을 줄임
철 분 수		색을 냄	여과 혹은 이온교환수지 이용
산 수	발효가 빠름	가스보유 약함	알칼리제 첨가, 소금량 증가
알 칼 리 수	발효지연	글루텐 약화	산첨가, 산성 이스트푸드 사용

마. 흡수

반죽의 특성을 조절하는데 물의 중요성은 오래 전부터 인식되어 왔다. 밀가루에는 보통 14%의 수분이 있으며 이외에 반죽에 첨가된 물은 밀가루의 전분, 단백질, 펜토산과 특수 화학적 집단으로 결합한다.

손상되지 않은 전분 입자는 자기 무게의 절반정도, 손상된 전분은 2배, 단백질도 2배의 물을 흡수하지만 팬토산은 무려 15배 가까운 물을 흡수한다.

물이 반죽에 균일하게 분산되는 시간은 재료와 믹싱법에 따라 다르나 보통 10분 정도가 걸린다. 반죽내의 물은 1차발효와 2차발효 동안 전분의 가수분해로 변화를 가져오며, 굽기 과정에서 수분이 제품에 35% 정도가 남도록 다시 수분의 변화가 일어난다.

7. 기타재료

가. 제빵 개량제

제빵 개량 재료들은 글루텐과 결합하여 반죽의 가스 보유력과 기계적성을 개선하고 빵의 부피, 외형의 균형, 조직과 기공을 좋게 하며 전분과 결합하여 빵 속이 굳어지는 속도를 느리게 한다. 개량제는 종류에 따라 믹싱과 기계적 마찰에 대한 내구력을 증가 시키거나 품질개선 및 저장성 증가 등의 기능을 가지고 있다.

반죽 강화제의 효과는 단백질 첨가제로 콜로이드를 결합하여 기계적 마찰을 많이 받는 식빵류와 유지와 설탕함량이 높은 소형 빵들이 제조 공정중에 흡수율이 증가되고, 가스 보유력, 부피, 기공 및 조직을 개선한다. 또한, 빵 속 연화제로의 기능이 있으며, 이는 빵의 노화로 빵 속이 굳어지고 풍미 손실의 주원인인 전분의 노화를 늦추기 위해 계면활성제인 유화제를 사용하므로 빵 속이 굳는 것을 방지한다. 일반적으로 무기질 제빵 개량제에 효소를 배합한 개량제를 사용하므로 이스트의 영양원이 공급되고 반죽의 물성이 향상되며 발효시간도 단축 되는 장점이 있다.

나. 소 금

빵을 만드는데 반드시 사용해야하는 필수재료의 하나이며 나트륨과 염소의 화합물로 화학명은 염화나트륨 (NaCl)이며 빵의 맛과 향을 좋게 한다. 발효중에 젖산균의 번식을 억제하여 시큼해지지 않도록 하고 이취를 제거하는 효과를 가지며 삼투압의 작용으로 발효를 조절하는 역할을 한다.

소금은 글루텐을 강화하고 질기게 하는 성질이 있으므로 믹싱 할 때 소금을 약간 늦게 넣는 후염법 (Delayed salt method)을 사용하여 믹싱 시간을 단축하고 반죽의 수분흡수를 높이기도 한다.

다. 이스트푸드 (Yeast food)

이스트의 발효를 촉진시키고 빵의 품질을 개량하기 위하여 미국에서 수질을 개선하고자 사용하기 시작했다. 최초의 이스트푸드인 알카디형은 연수보다 아경수의 사용이 제빵의 질을 높인다는데 착안하여 연구 개발된 것이다.

이스트푸드에는 미네랄이 함유되어 이스트의 활력을 좋게할 뿐만 아니라 사용하는 물의 성분 차이에서 오는 영향을 최소로 하기 위해 글루텐을 강하게 하고 반죽조절 효과를 갖는 칼슘염, 황산염, 인산염 등과 이스트 영양에 관계하는 암모늄염을 효과적으로 조합하였다. 브롬산칼륨, 아스코르브산 같은 산화제는 반죽의 물성 개량과 글루텐 조절에 작용하며 칼슘과 인산은 완충작용을 하여 발효 내구성을 높여준다. 계량을 쉽게 하고 수분 흡수로 인한 성분간의 반응 억제를 위해 전분도 섞는다. 비완충형인 알카디 타입과 완충형 이스트푸드의 배합은 다음과 같다.

알카디형 (비완충형)		완 충 형	
NH_4Cl	9.4%	$CaHPO_4$	50.0%
$CaSO_4$	30.0%	$(NH_4)_2SO_4$	7.0%
$KBrO_3$	0.3%	NaCl	19.4%
NaCl	35.0%	KIO_3	0.1%
전 분	25.3%	전 분	23.4%
		$KBrO_3$	0.125%

물의 경도를 높이기 위한 물 조절제로는 탄산칼슘, 황산칼슘 같은 칼슘염이나 인산마그네슘, 염화마그네슘 같은 마그네슘염이 사용된다. 제1인산칼슘은 알칼리성 물에 작용하여 pH를 조절한다. 이스트 조절제로는 황산암모늄이나 염화암모늄에 포함된 질소가 이스트의 성장을 도우므로 발효에 관계한다.

반죽 조절제는 반죽에 활력과 탄성을 주어 오븐 팽창이 커진다.

작용속도가 느린 브롬산칼륨은 우리나라에서는 첨가물로 사용이 허가되지 않는다. 아스코르브산은 비타민 C로 알려졌으며 자체로는 환원제이나 반죽에서는 산화작용을 하는 산화제로 사용되나 지속성이 없으며 열에 불안정하다.

원재료 pH

원 료 명	pH	원 료 명	pH
밀 가 루	6.23	설 탕	6.87
전 립 분	6.48	포 도 당	6.97
호 밀	6.25	쇼 트 닝	7.47
이 스 트	5.92	분 유	6.90
이스트푸드	6.25	건 포 도	3.94
맥 아	7.30	수 도 물	6.75
소 금	6.48	정수기 물	7.46

제 2 장 빵의 제법

제 1 절 종 류

1. 스트레이트법. 직접법 (Straight dough method)

스트레이트법은 모든 재료를 한번에 반죽하는 방법으로 반죽의 온도를 26~27℃로 하고 반죽이 가장 좋은 탄력성을 가질 때까지 믹싱한다.

이스트푸드 사용 시에는 발효시간을 1시간 반에서 3시간 사이에 완료하나 소규모로 제조할 경우에는 개량제를 사용하여 1시간 이내로 발효시간을 단축시켜 제조한다.

발효 과정 중에 가스빼기 즉 펀칭 (Punching)을 하기도 하는데 이는 반죽의 온도를 일정하게 하여 발효를 고르게 진행하고 이때 생성된 탄산가스를 내보내어 기포를 일정하게 한다. 또한, 가스빼기 후에는 이스트의 활력을 증가시키는 효과도 있다.

스트레이트법의 장점은 공정시간과 노동력 절약, 장비의 요구도 감소, 발효 손실 감소, 반죽의 흡수량 증가 외에도 개성 있는 제품의 제조에 알맞다. 그러나 스펀지법에 비해 발효에 대한 내구성이 약하고 반죽을 잘못했을 때 해결방법에 문제가 있으며 반죽이 기계에 달라붙어 기계화가 어렵고 완제품의 노화가 빠른 것이 단점이다.

반죽하기 전에 밀가루에 분유나 개량제 같은 분말재료를 함께 섞고 체로 치는 것이 재료의 반죽 분산성을 좋게 하고 물과 닿았을 때에 덩어리지는 것을 막을 수 있다. 반죽에 사용하는 유지는 믹싱이 약간 진행된 후에 넣어야 밀가루의 수화를 도울 수 있다.

물은 반죽온도를 조절하는 재료이므로 계절에 따라 온수나 얼음물을 사용 하기도 하며 수직형 믹서는 동절기에는 볼 바닥을 따뜻한 물로 받쳐서 반죽의 온도를 발효에 알맞은 온도로 유지시켜야 한다. 믹싱에 의해 글루텐이 충분히 형성되면 발효를 거쳐 성형하고 팬에 넣어 38℃ 정도에서 2차발효를 한 후에 알맞은 크기가 되면 굽는다.

식빵의 스트레이트법의 공정은 다음과 같다.

재료계량 (Scaling) → 믹싱 (Mixing) → 1차발효 (Fermentation)
분말재료 체질   10~20분, 27℃   습도 75~80%, 온도 27℃

분할 (Dividing) → 둥글리기 (Rounding) → 중간발효 (Benchtime)
빠른 시간내 실시   잘린면은내부로, 표피형성   10~20분, 27℃, 75~80%

정형 (Moulding) → 패닝 (Panning) → 2차발효 (Proofing)
밀기, 말기, 봉하기   팬온도 32℃   35~43℃, 80~90%

굽기 (Baking) → 냉각 (Cooling) → 포장 (Packaging)
190~230℃   35~40℃

2. 스펀지법 (Sponge & dough method)

스펀지법은 스트레이트법 처럼 한번에 반죽하는 것이 아니라 두 번에 나누어 반죽하는 방법으로 첫 번째 반죽을 스펀지 (Sponge)라 하고 두 번째 반죽을 도 (Dough)라고 한다. 첫 번째 스펀지 반죽은 밀가루의 일부 또는 전부를 사용하고 물, 이스트, 이스트푸드를 넣어 발효시키며 이를 스펀지 발효라 한다.

스펀지의 믹싱시간은 스트레이트법 보다 짧게하고 스펀지반죽의 온도는 22~26℃로 스트레이트법에 비해 낮고 반죽의 상태도 약간 된 반죽이다.

스펀지반죽은 27℃의 발효실에서 75~80%의 상대습도로 약 4시간 30분정도 발효시킨다. 이때 스펀지 온도는 약 5.6℃ 상승한다. 스펀지 발효시간은 스펀지에 사용하는 밀가루 사용비율에 따라 다르다.

스펀지 반죽의 발효가 완료된 것을 확인하려면 반죽이 처음 부피의 4~5배로 부푼 상태일 때 반죽이 약간 가라앉는 현상을 브레이크 (Break) 또는 드롭 (Drop)이라하는데 이때가 스펀지 발효의 2/3 이상이 진행되었음을 나타낸다. 반죽이 처음보다 얼마나 온도상승이 되었나를 측정하고 반죽표면에 핀홀 상태의 형성정도를 살펴 발효점을 판단한다.

스펀지 발효가 완료되면 나머지 재료인 밀가루, 물, 소금, 설탕, 유지 등을 넣고

〈스펀지 발효 완료〉

다시 믹싱을 한다. 이때 믹싱은 10분 내외로 실시하여 반죽을 잡아당겨 보며 반죽
상태를 점검한다. 스펀지법의 공정은 다음과 같다.

재료계량 (Scaling)   →   스펀지 믹싱 (Sponge mixing)   →
스펀지 재료와 도 재료구분   믹싱 4~6분, 반죽온도 약 24℃

도 반죽 (Dough mixing)   →   플로어타임 (Floor time)   →   분할   * 분할부터는
반죽온도 27℃, 믹싱 8~12분   20~30분, 27℃, 75%   스트레이트법
                                                                            공정과 동일

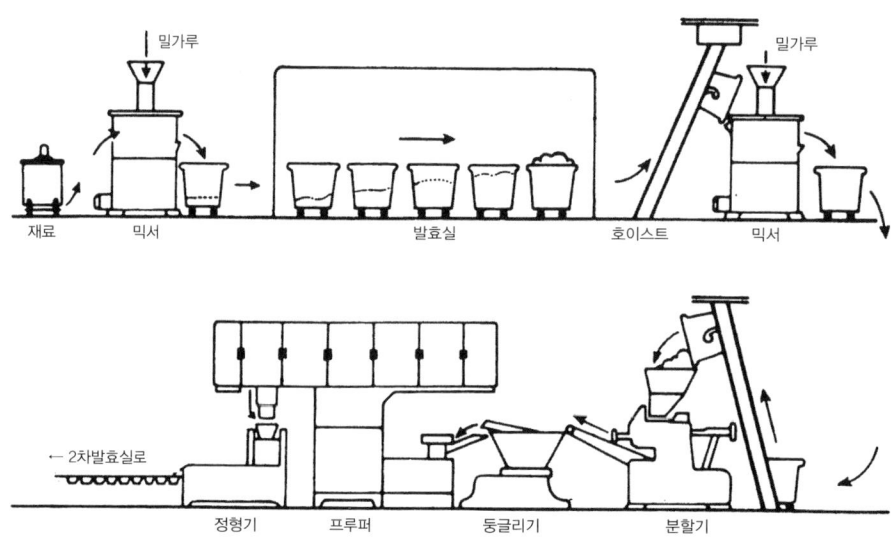

〈스펀지, 도 공정〉

스트레이트법에 비해 스펀지법의 장점은 이스트 사용량이 20% 정도 감소되며 제품의 부피가 크고 조직과 기공이 바람직하고 노화가 느리다는것이다.

반면에 단점으로는 반죽이 믹싱에 대한 내구력이 약하므로 오버믹싱이 되기 쉽고 공정시간이 길며, 기계나 발효실 같은 설비가 추가로 필요하고, 제품의 산미나 산취가 강하고, 노동력과 발효 손실이 증가한다는 점이다.

스펀지법 식빵의 재료사용 범위

스펀지 (Sponge)		도 (Dough)	
재 료 명	사 용 비 율	재 료 명	사 용 비 율
밀가루	60 ~ 100%	밀가루	40 ~ 0%
A) 물	55 ~ 60%	B) 물	55 ~ 65%
이스트	2 ~ 3%	소금	1.8 ~ 2.5%
이스트 푸드	0 ~ 0.8%	설탕	4 ~ 8%
		유지	2 ~ 4%
		분유	0 ~ 2%

A) 스펀지 밀가루에 대한 비율　　　　　　　B) 밀가루 100%에 대한 비율

스트레이트법과 스펀지법 비교

구　분	스트레이트법	스펀지법
공정 시간	4시간	6.5 시간
작업 공간	좁아도 가능	넓은 공간 필요
설비와 노동력	적다	발효실과 기계설비
반죽의 기계적성	손작업으로 다양한 정형	유연함으로 기계손상 적음
반죽의 흡수율	좋다	나쁘다
이스트 사용량	많다	사용량 20% 감소
발효손실	적다	많다.
발효내구력	약하다.	강하다
제품의 착색	약간 거칠다	좋다
제품의 부피	비용적 약 3.3	비용적 약 4.0
제품의 노화	빠르다	비교적 느리다
제조 규모	소규모	대규모 기계적 생산

3. 액체발효법 (Brew or liquid fermentation system)

액체발효법은 액종법이라고도 하며 유럽에서는 오래전부터 사용해온 방법이다. 스펀지법에서 스펀지 역할을 하는 액체 발효종을 사용하는 방법으로 프랑스나 독일에서 19세기경 부터 사용되어 왔으며, 프랑스에서 사용하는 르방 (Levain)이나 독일의 포르타이그 (Vorteig)법이 있고, 미국의 분유연구소 (American Dry Milk Institute)에서는 분유의 완충작용을 이용하여 발효가 거칠게 일어나는 것을 안정시키는 A.D.M.I 법이 개발되었다. 탈지분유를 다량 사용하므로 맛과 향이 좋고 노화가 느린 장점이 있다.

이외에도 탄산칼슘의 완충작용을 이용하여 안정된 발효액을 제조하는 액종법과 밀가루 단백질의 완충작용으로 스트레이트법과 유사한 풍미를 내는 플라워 브류법이 있다.

액종에 사용되는 필수재료로는 밀가루나 설탕같은 발효성 탄수화물과 이스트, 물 등이 사용되며 소금, 유지, 분유, 소포제 등이 선택적으로 사용된다.

스펀지법에 대한 액종법의 장점으로는 한번에 대량의 액종 제조가 가능하고, 펌프와 탱크로 이루어져 공간과 설비가 감소된다.

액종은 보존온도 관리를 잘하면 장시간 안전하며 제조계획이 변경되더라도 균일한 제품을 필요에 따라 제조할 수 있다.

반면에 A.D.M.I 법을 제외한 액종은 제품의 풍미가 다소 약하고 제품의 품질이 스펀지법에 비해 떨어지며 위생관리가 어렵다는 단점이 있다.

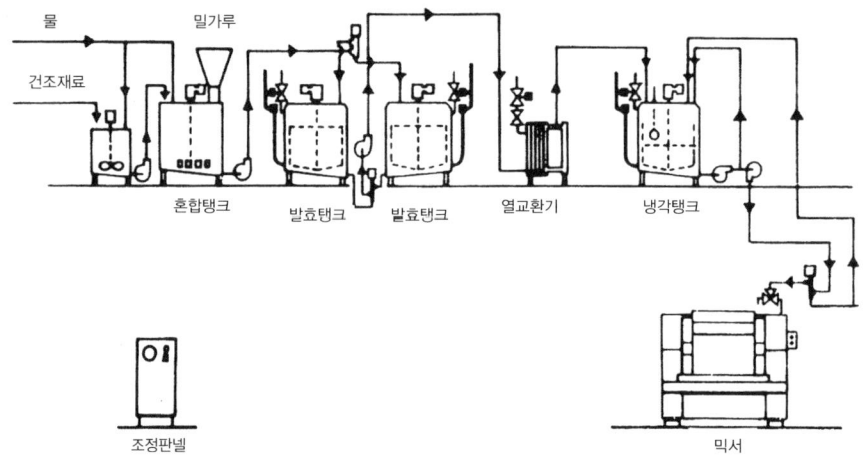

〈액체발효 시스템〉

4. 비상 반죽법 (Emergency dough method)

비상 반죽법에는 스트레이트법에서 변형된 비상스트레이트법과 스펀지법에서 변형된 비상스펀지법이 있다. 비상반죽법은 스펀지법 보다 믹싱시간을 20~25% 증가시키므로 발효에서 기대되는 반죽의 발전을 기계적인 발전으로 대치한다. 이스트 사용량을 25~50%까지 증가하여 사용하므로 발효시간을 단축하고 반죽온도를 3℃ 정도 높여 29~30℃로 하여 스펀지발효를 빠르게 진행시킨다.

발효를 촉진하는 이스트푸드나 제빵개량제를 증량하여 사용하나 발효를 저해하는 재료인 소금 사용량을 최소 1.75%로 줄여 사용하고 설탕 사용량도 1% 줄여 껍질색을 알맞게한다. 물 사용량은 1% 증가하여 기계적성을 개선하고 이스트의 활성을 증가시킨다. 1차발효는 최소한 15분 이상으로 한다.

이러한 비상법은 정해진 시간내에 작업을 마무리하기 위해 작업의 마지막 단계에서 사용되거나, 반죽의 실패로 빠른 시간 내에 새로운 작업이 이루어져야 하거나, 제품 주문이 늦어 짧은 시간 안에 생산을 마쳐야 하는 특별한 경우에만 사용된다.

비상반죽법의 장점으로는 공정시간이 짧아지므로 노동력과 비용의 절약을 들 수 있으나 제품이 불규칙하게 되거나 이스트 냄새가 나며 빵 속이 쉽게 단단해지고, 껍질색의 착색이 나쁘고, 제품의 노화가 빠른 단점도 있다.

스트레이트법을 비상스트레이트로 변경

* 필수조치

변 경 사 항	변 경 범 위	비　　　　　고
이스트 사용량	25 ～ 50% 증가	발효시간 단축
설탕 사용량	1% 감소	껍질색 조절
수분 사용량	1% 증가	이스트활성화, 발효속도 증가
반죽 온도	2～ 3℃ 증가	반죽온도　29～ 30℃
믹싱 시간	20～ 25% 증가	후염법 사용
1차발효 시간	최소 15분 이상	
2차발효	발효상태 유의	오븐킥에 유의

변경 사항	변 경 범 위	비 고
소금 사용량	최소 1.75% 사용	삼투압 최소화로 발효억제 방지
우유 사용	사용량에 따라감소	완충작용 억제
산 사용	유산 또는 초산 0.5~1% 사용	pH 낮춤
제1인산칼슘	0.5% 이내 사용	pH 낮춤
개량제	0.1~0.5% 증가	발효속도 증가
보존료	0.05~0.1% 증가	제품 보존기간 연장

스펀지 반죽을 비상스펀지로 변경

* 필수조치

변경사항	변 경 범 위	비 고
이스트 사용량	25~50 % 증가	발효속도 증가
설탕 사용량	1% 감소	껍질색 조절
수분 사용량	1% 증가	발효속도 증가
스펀지 밀가루%	80%	발효시간 단축
스펀지 물사용	전체 물량 스펀지에 사용	발효속도 증가
스펀지 온도	29~30 ℃	
스펀지 믹싱	50% 증가	
스펀지 발효시간	최소 30분 이상	
도 믹싱시간	20~25% 증가	후염법 사용
도 반죽온도	29~30℃	발효시간 단축
플로어타임	최소 10분 이상	
2차발효	발효상태 유의	오븐킥에 유의

스트레이트법을 비상스펀지법으로 변경

* 필수조치

1) 수분 사용량 변경하지 않음
2) 설탕 1% 감소 사용
3) 나머지는 비상스펀지법에 의함

스펀지법을 비상스트레이트법으로 변경

* 필수조치

  1) 수분사용량 1~2% 증가 사용
  2) 설탕 사용량 변경하지 않음
  3) 이외에는 비상스트레이트법에 준함

5. 노타임법 (No time dough method)

1차발효를 생략하는 무발효 반죽법으로 환원제인 L−시스테인을 사용하여 밀가루 단백질 사이의 S−S 결합을 절단, 즉시 반응하게 하므로 반죽시간을 25%정도 단축하고 단시간에 완제품을 만들어 내는 방법이다.

사용할 물량을 2% 줄이고, 설탕량도 1%정도 줄여 브롬산칼륨 같은 산화제를 사용하는 화학적 방법으로, 사용하는 산화 및 환원제는 발효에 의한 글루텐 숙성을 대신한다.

반죽의 흡수율이 좋고, 제조공정이 짧으며 반죽의 기계 내구성이 좋은 반면 제품의 식감과 풍미가 좋지 않고 제품이 불안정한 것이 단점이다.

6. 촐리우드법(Chorleywood process)

영국의 촐리우드 지역에 위치한 영국의 빵공업 연구협회에서 개발한 방법으로 초고속 믹서를 사용하여 기계적 발전으로 1차발효를 생략하고 제품을 만드는 방법이다.

밀가루마다 에너지 요구량이 다르나 일반적으로 밀가루 1kg당 한시간에 10와트 이상의 많은 에너지가 필요하며, 고속 믹싱에 따른 밀가루의 손상전분이 증가되므로 흡수율 역시 상승된다. 또한 필수적으로 소량의 높은 융점의 유지가 사용된다.

믹싱에서 굽기까지 2시간에 이루어지는 초 단시간 제법이나 문제점이었던 풍미와 식감이 떨어지는 것은 묵힌 반죽이나 사워종을 섞어 사용함으로 보완하였다.

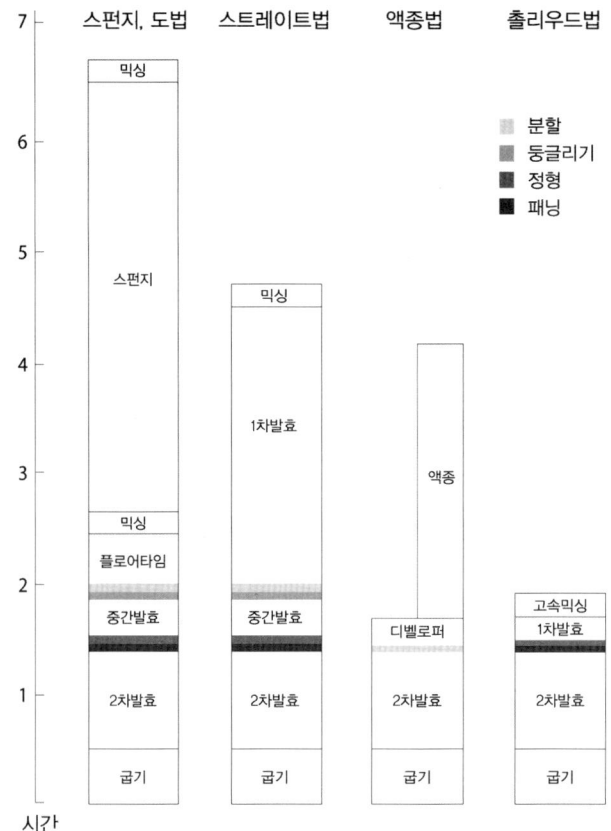

〈각종 빵제법의 공정시간 비교〉

7. 연속식법 (Continuous process)

액체발효법을 이용하여 밀폐된 발효실에서 계속적이고 자동적으로 빵을 제조하는 미국식 방법과 액종을 사용하지 않고 특별한 믹서를 사용하는 유럽식 방법이 있다.

밀가루를 만드는 동맥과 춘맥은 흡수율과 믹싱 요구성이 서로 다르므로 바람직한 흐름성과 품질을 위해 동맥과 춘맥을 적절하게 혼합하여 사용한다. 밀폐된 발효 시스템으로 산화제의 사용이 필수적이며, 프리믹서와 최종적으로 반죽이 완성되는 디벨로퍼 헤드가 사용되어 반죽의 발전, 분할, 패닝이 동시에 이루어진다.

분할기, 몰더 등의 설비가 감소되고 작업면적과 노동인력 감소 뿐만아니라 기계적 손실과 발효 손실이 감소되는 이점이 있다.

8. 재반죽법 (Remix process)

재반죽법 역시 스트레이트법에서 변형된 것으로 사용할 물량에서 약 8~10%를 제외하고 전 재료를 스펀지와 비슷하게 가볍게 섞는다.

반죽온도를 25~28℃로 하고 이스트는 2.0~2.5%, 이스트푸드는 0.5%로 하여 2시간 30분 정도 발효시킨다.

발효가 끝난 다음 반죽기에 넣어 나머지 물을 가하고 플로어 타임을 15~30분 정도로 한다. 장점으로는 반죽이 스펀지처럼 기계에 대한 적성이 좋고 공정시간이 짧으며 제품이 균일하고 향이 좋다.

9. 냉장 반죽법 (Retard dough method)

냉장반죽은 반죽 내의 수분을 냉동시키지 않는 범위에서 저온으로 장시간 발효시키는 방법으로 믹싱이 끝난 후 냉장하는 반죽냉장법과 둥글리기를 한 후에 냉장하거나, 2차발효 전에 정형된 상태로 냉장하는 방법 등이 있다.

냉장반죽에 사용하는 이스트는 저온으로 장시간 발효하여 이스트 사용량을 줄일 수 있다. 유화제와 산화제를 사용하고 반죽온도는 18℃ 정도로 낮게 하며 믹싱은 약간 많이 한다.

반죽 자체를 냉장하는 경우에는 분할량이 200g을 넘지 않도록 하여야 반죽온도의 조절이 쉽다. 둥글리기를 한 후에 냉장하는 방법은 아침에 바쁜 작업 시간을 줄일 수 있는 편리함과 냉장에 의한 반죽손상을 줄이는 장점이 있고 정형된 제품의 외관상태를 좋게 한다.

정형 후 냉장하는 방법은 냉장중의 습도와 굽는 온도를 약간 낮게 하여 굽는 점에 유의하면 좋은 제품을 만들 수 있다.

냉장반죽은 저배합 제품보다 데니시 페이스트리, 스위트 롤 같은 고배합의 과자빵에 적합하다. 저온 장시간 발효하여 구우면 제품의 풍미가 좋으며 식감이 부드럽고 제품의 노화가 늦어 보존성이 좋다.

10. 냉동 반죽법 (Frozen dough method)

　냉동 반죽법은 급속냉동으로 얼음의 결정을 미세하게 하여 얼음결정으로 인한 반죽의 손상을 줄이면서 냉동으로 인한 이스트의 사멸을 최소화 하는 것이 중요하다.

　냉동법도 반죽을 냉동하는 방법과 둥글리기가 끝난 반죽을 냉동하거나 2차발효 후에 냉동하거나 완제품을 냉동하는 방법이 있다. 가장 일반적인 것은 정형이 끝난 반죽을 냉동하여 필요에 따라 해동과 2차발효를 거쳐 구워내어 제품화 하는 것이 가장 보편적이다. 냉동 반죽에 사용하는 이스트는 내동성이 있는 신선한 것을 사용하여야 한다.

　냉동시 반죽 내구성을 도와주는 설탕 사용량이 많은 과자빵이 냉동빵으로 바람직하다. 특히, 데니시 페이스트리처럼 공정 중에 냉동과 휴지가 반복되는 제품에서 냉동효과를 극대화 할 수 있다. 냉동 반죽은 1차발효 시간이 짧고 믹싱 시간은 약간 길게하거나 후염법을 사용하는 것도 좋은 방법이라 하겠다.

　냉동 보존기간이 길수록 이스트 사용량은 이스트의 손상에 대비하여 증가시켜 주며, 냉동은 −40℃에서 30분 내외로 급속 냉동하여 공기가 들어가지 않도록 밀봉하여 −25℃ 내외에서 보관한다.

　필요에 따라 리타더 또는 도컨디셔너를 이용하여 해동하나 제품에 따라 수분이 많은 크림, 앙금류는 천천히 해동한다. 2차발효 온도는 33℃ 전후로 약간 낮게 유지하며 굽는 온도 역시 10℃ 정도 약간 낮게 굽는다.

냉동반죽의 장단점

장　　점	단　　점
필요에 따라 신선한 제품을 구워 제공한다.	이스트의 동결로 발효력 저하와 반죽약화가 우려된다.
계획적 생산으로 다품종 소량생산 가능하다.	원재료비가 높아진다.
가정이나 좁은 장소에서 제조가 가능하다.	냉동 등의 설비가 추가된다.
야간작업 폐지 및 종사자의 휴일대책을 세울 수 있다.	제품의 발효향이 적다.
운반이 간편하고 운반중의 제품 파손 방지가 가능하다.	제품의 노화가 빠르다.

냉동 식빵의 재료사용

사용 재료	비 율	비 고
밀 가 루	100%	단백질 함량이 높거나 활성글루텐 첨가로 가스 보유력을 향상시킨다.
물	57 ~ 63%	일반식빵보다 2 ~ 3% 낮게 사용함. 약간 된반죽
이 스 트	4 ~ 6%	신선한 이스트 사용. 50 ~ 100% 증가 사용
설 탕	6 ~ 10%	1 ~ 3% 증가 사용으로 냉해 방지
유 지	3 ~ 5%	1 ~ 2% 증가 사용으로 냉해 방지
산 화 제	40 ~ 80 p.p.m	아스코르브산 또는 브롬산칼륨 24 ~ 30ppm사용

냉동제품은 1930년대에 미국에서 시작되어 50년대를 거치면서 냉동피자와 함께 인스토어 베이커리에서의 판매가 늘어나면서부터 활성화 되었다. 이때 만들어진 냉동제품은 50~60%가 인스토어 베이커리에서 소비되고 가정에서는 20~30%가 사용되고 나머지는 병원, 학교, 단체 등에서 소비되었다.

냉동빵은 처음에는 데니시 페이스트리나 크루아상 처럼 냉동 공정이 쉬운 제품에서 주로 사용되었으나 버터롤이나 이스트 도넛 같은 제품의 반죽 냉동으로까지 발전하였다.

냉동반죽이란 −40℃ 정도의 낮은 온도로 급속 냉동 하여 −18℃ 이하의 품온이 유지되도록하여 반죽내의 이스트와 효소의 활동을 정지시켜 제품의 형태와 가치를 장기간 저장할 수 있도록 한 것을 말한다.

냉동할 때 반죽의 노화가 가속화되는 −6℃ ~ 10℃ 온도범위의 냉장온도를 너무 느리게 통과하면 냉동 중에도 발효가 진행되며, −4℃ ~ −8℃의 얼음결정이 최대로 생성되는 온도 범위를 너무 느리게 통과하면 얼음결정이 커져서 이스트가 손상을 입게되고 반죽의 글루텐막도 손상을 입게된다.

반대로 동결속도가 너무 빠르게 되면 이스트의 수분이 내부에서 동결되어 이러한 얼음결정이 이스트 세포조직을 파괴하고 사멸시키므로 온도조절에 유의해야한다.

가. 냉동반죽의 종류

냉동반죽은 제조공정에서 어느 과정에서 냉동을 하는가에 따라 여러 가지로 나눈다.

첫 번째 방법으로 중앙 공급식 공장에서는 반죽을 2차발효 전단계인 정형과정에

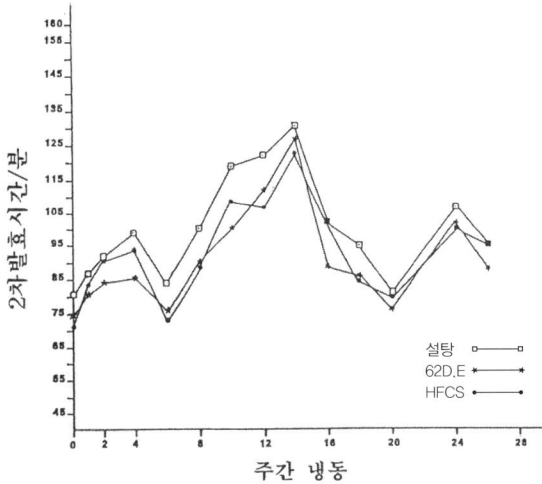

〈당 종류와 냉동과 발효〉

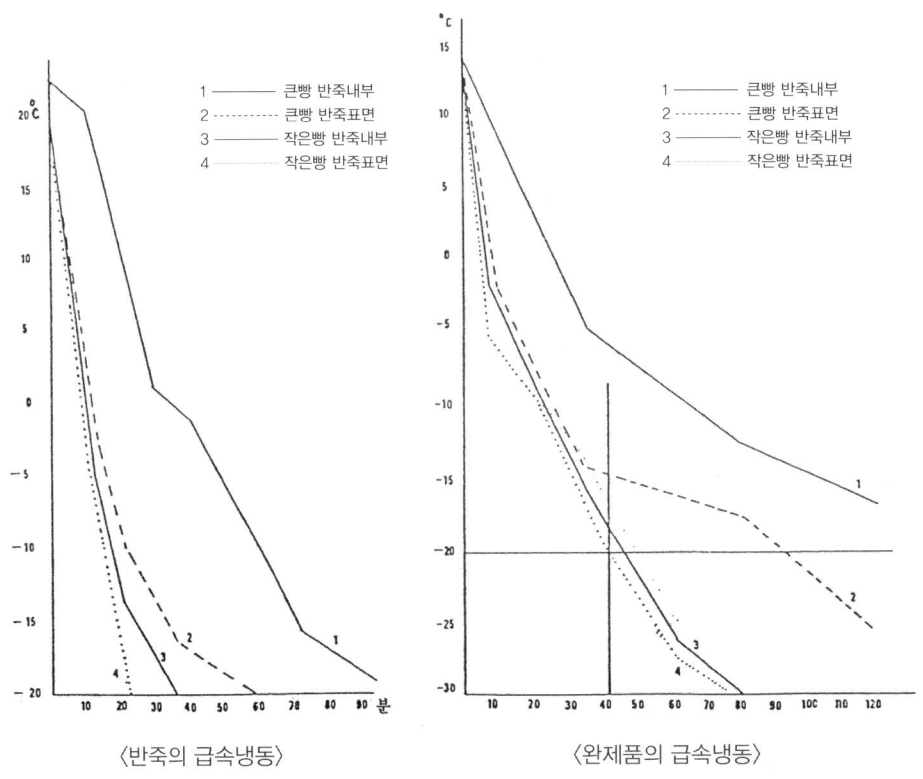

〈반죽의 급속냉동〉   〈완제품의 급속냉동〉

서 급속 냉동한 정형냉동을 일반적으로 사용하고, 이는 발효과정을 거치지 않았으므로 냉동고의 공간이 작아도 되는 장점이 있다.

또한, 최근에는 냉동기술의 발달로 바게트, 하드롤, 식빵류 등 그동안 문제가 되어왔던 저배합 반죽제품의 품질력도 좋아졌다. 도컨디셔너를 사용하는 경우에는 냉장이나 냉동된 반죽을 전날 퇴근 전에 냉장 또는 냉동 보관하므로 당일 작업 분량은 굽는 공정부터 시작 할 수 있어 가장 많이 사용되는 냉동반죽법이라 하겠다.

두번째는 반죽을 분할하여 냉동하는 방법으로 작업공정이 간단하여 중앙 공장에서 작업이 원활하게 이루어질 수 있다. 품질안정성이 높고 해동 후에 둥글리기와 정형을 하므로 동결저장에 의해 동결장애를 입은 반죽의 구조를 재형성 하는 것이 가능하고 완제품의 품질이 안정화되는 장점이 있다.

단점으로는 공정이 크게 단축되지 못하고 다시 정형·발효의 순서를 밟아야 하는 번거러움이 있다.

셋째는 반제품 냉동방법으로 오븐에서 착색을 완전히 하지 않고 절반만 구워진 것을 냉동하여 유통한 것을 매장에서 완전히 구워낸다. 유럽에서 발전된 냉동 반죽법으로 굽기과정만 매장에서 실시하므로 균일한 제품이 판매되는 장점이 있다. 단점으로는 발효가 완료된 것이므로 부피가 커서 냉동의 공간이 많이 필요하고 유통의 효율성이 떨어지며 수분의 증발이 많아 노화가 빠르다.

넷째로는 2차발효까지 끝낸 반죽을 냉동하는 방법으로 매장에서 해동할 필요가 없으므로 작업공정을 크게 단축시켜 초보자도 제조가 가능한 장점이 있다. 그러나 중앙 공급식 공장에서는 제조공정이 상당히 복잡해지기도 한다. 2차발효 후에 부피가 커진 상태로 반죽을 냉동보관해야 하므로 운송이나 보관 할 때 많은 공간을 필요로 하고 취급 시에 파손에 대한 주의를 기울여야 한다. 발효 후 냉동법을 사용하기 위해서는 완벽한 콜드체인이 이루어져야 한다.

다섯째는 2차발효와 굽기가 오븐 속에서 동시에 이루어지는 방식으로 발효중 냉동법이라 할 수 있다. 작업이 간편하고 작업시간의 단축이 이루어지는 방식이다.

마지막 방법은 제품을 완전히 구워낸 후에 그대로 냉동하는 완제품 냉동으로 필요시 자연해동이나 전자렌지를 이용하여 단시간에 해동하여 상품화 하는 방법도 있다.

〈믹 싱〉

↓

〈플로어 타임〉

↓

〈분 할〉..........................[반죽 냉동]

↓

〈둥글리기〉........................[둥글리기 냉동]

↓

〈정 형〉..........................[정형 냉동]

↓

〈2차발효〉........................[반제품 냉동]

↓

〈굽 기〉..........................[완제품 냉동]

나. 원재료의 선택

(1) 이스트

냉동반죽에서 가장 중요한 재료는 이스트로 일반 이스트를 사용한 경우에는 동결전의 발효시간이 길면 길수록 이스트는 냉해를 입어 냉동반죽 속에서 사멸하기 쉽다.

일반 이스트로 냉동빵을 제조할 경우에는 냉동전에 발효를 최소한으로 줄인 빵제법으로 제조하여야 한다. 스펀지법 보다는 스트레이트법이, 스트레이트법 보다는 속성법이 발효시간이 짧으므로 이스트의 냉해를 최소로 할 수 있다.

좋은 제품의 빵을 만들기 위해서는 가스 발생력과 가스 보유력을 일치 시키도록 하여야 하는데 냉동반죽은 해동 후에 냉동장해로 인해 이러한 힘이 저하되어 제빵성이 떨어진다.

냉동반죽은 생물학적 활성인 이스트의 활동이 최종제품의 품질에 크게 영향을 미치므로 냉동 저장 중에 이스트의 생존율을 지속시켜 가스 발생력을 유지하여야 한다. 냉동반죽의 안정성을 유지하기 위하여 개발된 전용 이스트를 사용하는 것이 바람직하다.

(2) 밀가루

이스트의 가스 발생력이 좋아도 반죽의 가스 보유력이 약해지면 제빵성도 저하된다. 밀가루는 가스 보유력을 최대로 하는 재료이며 또한 빵 반죽이 구조력을 가져야 하므로 밀가루의 단백질 함량이 높고, 질이 좋은 밀가루를 사용해야 한다.

냉동 반죽은 얼음 결정에 의해 조직 구조가 손상을 받으면 최종 발효와 굽기 중에 탄산가스가 빠져나가 최종발효 시간이 길어지고 빵의 부피가 작아지는 결함이 발생한다. 밀가루 단백질 함량이 높은 고단백분이라 해도 상품에 따라 특성의 차이가 있으므로 냉동 반죽 제품의 특징에 맞는 것을 선택하여야 한다.

밀가루에 활성 글루텐을 첨가하기도 하여 반죽의 구조력이 향상되고 냉동반죽의 안정성이 향상되기도 하나 지나치게 사용하면 밀가루내의 글루텐보다 기능성이 떨어지며 제품에 풍미와 식감이 감소되기도 한다.

(3) 반죽 개량제

냉동 반죽은 일반반죽 보다 많은 양의 산화제가 필요하다. 산화제는 반죽의 구조를 강하게 하며, 냉동 전에 발효를 최소화 하기위해 발효가 거의 생략된 반죽을 숙성하기 위해서도 필수적이다. 또한 동결 저장 중에 반죽이 약화되어 해동 후 발효시에 탄산가스가 손실되는 것을 방지할 수 있다.

가장 일반적인 산화제로는 아스코르브산이 사용되나 첨가량이 50ppm이상이 되면 개량제로서의 효과가 한계에 도달하므로 CSL이나 주석산 모노글리세리드, 슈가지방산에스텔 등의 반죽 가스 보유력을 높이는 기능을 가진 유화제를 보충하여 사용한다. 기포막의 구조가 균일한 반죽일수록 냉동내성이 높은 것이므로 이를 위해 유화제 외에도 효소제나 환원제가 사용되기도 한다.

냉동이란 반죽에서 수분이 동결되는 것이므로 수분사용량을 일반 반죽에 비해 3~5% 줄이는 것이 바람직하다. 이외에 유지와 당류는 냉동반죽의 안정성을 향상시킨다.

저배합의 프랑스빵 보다는 버터롤이 더 안정된 냉동반죽이 되며, 페이스트리류는 냉동반죽으로 많은 유지와 당을 함유 하므로 안정적이라 하겠다. 프랑스빵 냉동반죽에 유지를 넣으면 냉동반죽의 안정성은 높아지나 고무처럼 질긴 식감을 가지므로 식물성 기름을 1% 정도 넣으면 식물성 기름은 반죽의 막을 넓히지 않고 프랑스빵의 독특한 식감을 유지하면서 안정성을 높이기도 한다.

다. 냉동반죽 제조의 유의점

(1) 믹싱

냉동반죽은 발효를 최소화해야 하므로 믹싱에서 글루텐을 충분히 발전시켜 신축성이 좋은 상태로 하여야 한다. 믹싱에 의해 최대의 공기를 함유하면 기포막이 얇고 균일해져서 냉동이나 냉장에 의해 최종제품에 물집이 생기는 현상을 막을 수 있다.

믹싱시간 단축을 위해 후염법처럼 소금을 믹싱 후반에 넣기도 한다. 믹싱 시간이 단축되면 믹싱에 의한 반죽온도의 상승도 감소하므로 반죽온도를 낮추고자 하는 냉동반죽에는 이러한 방법이 바람직하다.

냉동 전에 발효를 억제하기 위해 냉동반죽을 제조한다면 이스트 역시 믹싱 후반에 투입하는 것이 바람직하다. 그러나 믹싱이 끝난 후에 어느 정도 발효하고 나서 냉동을 하는 경우에는 이스트를 나중에 투입하는 것은 별로 의미가 없다.

(2) 냉동전 발효

가스 발생력이 강력한 이스트를 사용해도 냉동 전에 발효가 길어지면 길어질수록 냉동에 대한 냉해가 심해진다. 따라서 냉동반죽을 제조할 때에는 가급적 냉동 전 발효를 최소화 하여야 한다. 냉동반죽 전용 이스트를 사용하면 냉동반죽에 안전성을 제공한다.

냉동반죽의 얼음결정에 대한 내성은 발효가 짧을수록 높고 냉동 전에 발효량이 많아지면 반죽내의 골격을 형성하는 글루텐의 조직이 얼음결정에 의해 손상을 받는다.

스트레이트법의 반죽이 충분히 발효된 경우에 냉동을 하면 반죽온도가 저하됨에 따라 탄산가스의 반죽내 수분으로의 용해도가 약 3배가 증가하게 된다.

믹싱에 의해 혼입된 공기 중의 질소 가스는 물에 거의 녹지 않으므로 발효에 의해 상대적으로 늘어난 탄산가스가 용해도의 급격한 증가를 가져와 기포수가 감소한다.

반대로 냉동 전 발효가 짧으면 냉동에 의해 기포속의 탄산가스가 용해되어도 남아있는 질소가스에 의해 기포가 소멸되지 않으므로 발효력이 남아있게 된다. 따라서 냉동전 발효가 충분히 이루어진 제품은 해동 후에 기포막이 두껍고 균일하지 않으며 부피는 작고 내상과 조직은 거친 제품이 된다. 반죽 껍질막도 두꺼워짐으로 오븐에서 굽기 중의 갈색화 반응도 늦어지고 껍질색은 적갈색으로 착색되며 물집이 생긴다.

반죽 내 기포의 구조가 균일하지 않으면 작은 기포속의 탄산가스 증기압이 높아져 해동이나 냉장 중에 탄산가스의 확산이 일어나고 작은 기포는 큰 기포에 흡수되어 전체적인 기포 수는 감소하게 된다.

이처럼 기포 막의 구조가 불균일한 반죽의 껍질이 해동과 2차발효에 의해 외부공기와의 온도 차이가 커짐에 따라 표면은 젖게 되고 구울 때 반죽표면의 기포막 구조가 얇은 부분이 늘어남으로 물집이 발생한다.

냉동 전 반죽온도를 20℃에서 25℃로 높임에 따라 냉동반죽은 구운 후 완제품의 부피가 작았으며 온도를 내렸을 경우에도 역시 부피가 작았다. 냉동 전 발효가 지나치게 축소되면 정형된 냉동반죽은 숙성 부족이 되므로 최소한의 정형 전 발효가 필요해진다.

발효의 양은 이스트의 종류나 양, 설탕 사용량 등의 배합율에 따라 다르게 된다. 설탕 사용량이 적은 하스브레드나 식빵류는 이스트에 의한 발효가 빠르므로 반죽온도를 낮추거나 플로어 타임을 짧게 하여 최소한의 발효를 한다. 고율배합의 과자빵류는 높은 당 함량으로 인하여 이스트 발효가 늦으므로 발효시간을 조절해야한다.

냉동반죽은 각 제품마다 반죽의 온도와 플로어 타임의 조건을 설정하여 반죽 숙성에 필요한 최소한의 정형 전 발효량을 설정하여야 한다.

(3) 냉동 및 저장

냉동반죽에서는 -40℃로 온도를 낮출 수 있는 급속냉동시설이 필요하다.

급속냉동으로 얼음의 결정이 작고 균일해야 반죽의 조직 손상을 최소한으로 줄일 수 있다. 동결속도도 조절하여 반죽 내의 이스트의 사멸을 최소화 하여야 한다. 반죽온도가 20℃일 경우에 반죽의 중심온도를 -10℃까지 하려면 반죽 중심온도의 냉각속도는 매분 0.6~ 1.2℃가 바람직하다.

또한, 반죽의 크기에 따라 냉각속도의 차이가 발생하므로 냉동고의 온도와 풍량을 조절해야 한다. 반죽의 중심온도를 -10 ~ -15℃의 동결점 이하로 동결된 냉동반죽은 냉동용 박스에 밀봉하여 -20℃의 온도로 저장한다.

냉동반죽은 기본적으로 -18℃ 이하에서 냉동보관해야 한다.

냉동반죽은 냉동에 의해 이스트의 일부가 사멸하고 얼음결정에 의한 팽창으로 이스트와 반죽의 조직이 손상을 입는다. 수송 방법이나 저장, 취급하는 방법이 적절하지 못하면 제빵성이 저하되므로 냉동반죽의 취급방법은 종사자 모두에게 철저히 교육시켜야 한다.

냉동 저장 중에 온도 변화가 발생하면 냉동반죽 속의 수분이 이동하거나 얼음 결정이 커지게되므로 급격한 품질 저하가 발생한다.

냉동 보관 시에 자주 문을 열게되면 높은 외부공기에 포함되어 있는 수분이 냉동반죽 표면에 얼음으로 결정화되어 품질이 떨어지게 된다. 냉동고의 개폐를 최소한으로 하며 냉동반죽의 운송도 냉동저장의 기간에 포함되므로 온도 변화를 최소한으로 하고 하적 작업도 신속하게 이루어져야 한다.

운송된 냉동반죽은 즉시 냉동고에 보관하고 가급적 빠른 시간 내에 사용한다. 냉동고에는 적정한 양의 냉동반죽을 넣어야 하고 상자 안에 해동하지 않고 남은 냉동반죽은 바로 닫아 밀봉하여 냉동실에 넣어야 한다.

냉동고의 온도는 −20~ −22℃로 유지해야 하고 냉동고에 제품을 보관할 때에는 냉동반죽을 너무 높게 쌓지 않아야 한다. 냉동고의 내부의 공기순환을 원활하게 하기 위해 바닥과 벽면과는 거리를 두고 떨어져 있도록 한다. 사용할 때에도 필요량을 먼저 결정한 후에 먼저 생산된 것을 먼저 사용하는 선입선출이 이루어져야 한다.

(4) 해 동

퍼프 페이스트리나 케이크 도넛처럼 이스트를 사용하지 않은 냉동반죽은 실온이나 리타더에서 해동시켜 사용하나, 데니시 페이스트리, 식빵 같은 이스트를 사용한 냉동반죽은 냉동고에서 꺼낸 후 30~ 60분간 해동시킨다. 해동 시 반죽 표면이 젖을 정도로 습도가 높으면 껍질에 물집이 생기기도 하고 너무 건조한 경우에는 반점이 생기게 된다. 해동 시에 비닐로 덮어 놓으면 반죽표면에 응결되어야할 외부공기 중의 수분이 비닐에 응결되므로 물집이 생기는 것을 방지할 수 있다.

리타더를 사용할 경우에도 해동 중에 반죽표면이 젖거나 건조하지 않도록 하고 리타더로 해동한 반죽은 온도가 낮으므로 바로 발효기에 넣으면 온도차가 커져 반죽표면이 많이 젖게 된다. 해동할 때에 냉동반죽과 실온의 편차가 심하게 되어 젖는현상 (Weeping)으로 불균형한 발효가 된다.

이런 경우에는 냉동반죽을 일반냉장고에 넣고 하룻밤이 지나면 냉동반죽의 품온이 −20℃에서 냉장고 온도인 5℃로 서서히 해동되는 효과가 있다.

반죽내부의 온도를 높여 이스트 활동이 가능해지면 28~33℃의 낮은 온도로 2차 발효를 하며, 온도가 낮으므로 습도도 비교적 낮은 70~75%로 유지하고 한번 해동된 냉동반죽은 다시 냉동하지 않는 것이 좋다.

데니시 페이스트리의 결함과 원인

옆면이 가라앉음	2차발효 온도 높음 / 토핑물 과다 / 해동이 잘안됨 / 지나친 2차발효 냉동보관 기간이 너무길었음
구운색이 덜 남	굽기온도 부적절 / 해동시간이 너무 길다 / 해동된걸 다시냉동후 사용함 / 냉동보관 기간이 너무 길었음
유지가 흘러나오고 부피가 작다	2차발효 온도 높음 / 유지의 융점이 낮음 / 실온이 너무 높음
형태가 균일하지 않음	지나친 2차발효 / 정형 잘못 / 토핑의 위치 부정확

냉동반죽 제품의 체크리스트

항목		색이 어둡다	부피가 작다	껍질이 많다	색상이 옅다	색상이 진함	색상이 불균일	두꺼운 표피	측면의 수축	불균일한 형태	향과 맛 저하	노화가 빠름	부드럽지 않음
냉동반죽	냉동고 온도 높음	○	○	○	○		△			△	○	○	○
	동결 부족	○	○	○	○		△			△	○	○	○
	너무 큰 반죽	○	△	△	△		△			△	△		
	높은 보관 온도	○	○	○	○		△			△	△	△	
	냉동고 성애낌	○	○	○	△						△		
	수송 부적절	○	△	△	△					△	△	△	△

냉동 반죽	보관 관리 부족	○	△	○	○		△			△	△	○	○
	장기 보관	○	○	○	○		○	○	△	△	○	○	○
해동과 2차 발효	해동 덜됨		○		△	○	△	○	△	△	○		
	지나친 해동								○				
	고온 발효								○				
	발효 부족	○			△	△	○			○	○	○	○

(5) 굽 기

공정에 맞추어 제조 되고 관리된 냉동반죽은 일반제품과 같은 방법으로 굽는다. 다만 제조와 관리가 적절치 못한 냉동반죽은 반죽의 막이 두꺼워지고 반죽의 신축성이 저하되며 굽기중 착색이 지나칠 수 있으므로 굽기 온도를 약간 낮추어 굽기도 한다. 냉동제품 중 가장 제빵성이 좋은 것은 데니시 페이스트리와 크루아상 종류의 냉장 휴지가 공정에 포함된 제품들이다. 이 외의 냉동빵은 굽기 후에 빠른 시간 안에 먹는 것이 바람직하다.

제 2 절 반죽 제조

1. 반죽 수분 흡수의 영향요인

밀가루가 수화하는 최적의 상태는 믹싱과 더불어 최상의 제품을 만드는데 중요하며 이는 빵 제법이나 사용하는 기계의 종류 등에 따라 달라진다. 또한 반죽이 너무 되거나 반대로 흡수가 지나쳐 진 반죽은 작업성에 문제가 발생한다.

흡수에 가장 큰 요인은 빵에 가장 많이 사용하는 재료인 밀가루에 있으며 밀단백질의 양이 많거나 질이 좋은 경우에는 흡수량이 증가한다. 밀가루 단백질이 1% 증가함에 따라 흡수율은 1.5%가 증가 하며 제빵용 밀가루는 11% 이상의 단백질 함량이 요구된다.

패리노그래프에 의하면 반죽온도가 5℃ 상승하면 흡수율은 3% 감소하고 반대로 5℃가 낮아짐에 따라 3%의 흡수율이 증가한다. 밀가루 전분 중에 제분에 의한 손상전분의 함량이 높으면 흡수율이 급격히 증가한다.

일반적인 밀가루에는 약 4%의 손상전분이 존재하나 이보다 지나치면 흡수율은 증가하나 반죽은 끈적거리고 힘이 없는 반죽이 되며 보통 전분에 비해 손상전분은 약 5배의 수분을 흡수한다. 설탕사용량은 5% 증가함에 따라 수분의 흡수는 1%가 감소하며 과당과 같은 액체 당을 사용하는 경우에는 액당의 수분 함량을 계산하여 흡수율을 조정하여야 한다.

분유는 우유를 건조시킨 것이므로 사용량에 비례하여 흡수량이 늘어나는 경향이 있으나 실제로는 분유 사용량이 적을 경우에는 1% 증가에 따라 같은 비율의 수분의 흡수가 증가된다.

물의 경도가 강하면 즉 센물에서는 글루텐이 강화되어 흡수도 증가하고 연수일 경우에는 글루텐이 연화되어 흡수율이 감소한다. 반죽에 유화제의 사용량이 많아지면 물과 기름의 결합이 좋아지므로 흡수도 증가하나 효소제의 사용량이 증가되면 흡수량은 감소한다.

2. 믹싱 준비

믹싱을 하기 전에 몇 가지 선행 되어야 할 것들이 있다.

첫째로는 제조규모나 기계설비, 제조량, 판매형태, 소비자의 제품선호도 등을 고려하여 제빵법을 결정해야 한다. 소규모 생산형태일 경우에는 스트레이트법을 사용하고 기계적 생산일 경우에는 대부분 스펀지법으로 제조한다. 이러한 방법 중에서도 공정시간이 단축되어야 한다면 비상법 등의 선택이 필요할 것이다.

두 번째로는 판매 가격이나 소비자의 기호에 따라 배합비율이 변경되기도 한다. 버터나 마가린 같은 유지의 종류나 품질, 유제품의 등급, 감미료의 종류 등을 고려하여 원재료를 선택 하는 것이 무엇보다 중요하다.

건포도나 건과류는 사용하기 전에 적절히 전처리 하여야 하고 밀가루는 체로 쳐서 이물질을 제거함과 동시에 충분한 공기를 불어 넣어 주는 것이 중요하다. 이러한 전처리로 밀가루의 용적은 15% 정도 커지며 흡수량도 증가하게 된다.

탈지분유는 덩어리가 되기 쉽고 용해가 잘 안되므로 반드시 설탕이나 밀가루에 넣어 체로 쳐서 분산시키거나 물에 녹여둔다.

유지를 반죽 속에 넣는 경우에는 적당한 유연성을 가지고 있는 것이 중요하므로 냉동실에 보관된 단단한 유지를 그대로 사용하거나 반대로 실온이 높은 곳에 장시간 방치한 유지는 사용하지 않아야 한다.

드라이 이스트를 사용할 경우에는 미리 준비된 따뜻한 물로 완전히 용해시켜 놓아야 하고 소량의 첨가물인 이스트푸드나 개량제 등의 분말재료도 밀가루에 균일하게 분산시켜 사용한다.

건조이스트를 용해시킬 때에는 너무 뜨겁거나 찬물을 사용해서는 안 되며 반죽의 온도에 맞추어 조절 되어야한다. 이외에도 전립분이나 건조 재료를 사용하는 경우의 전처리는 빵의 종류가 광범위해짐에 따라 믹싱 이후의 조작 보다는 전처리가 제품의 품질을 좌우하게 된다.

3. 반죽의 발전단계

믹싱은 투입된 여러 재료들을 균일하게 섞고 반죽이 글루텐을 형성하며 이를 더욱 발전시켜 가소성, 탄력성, 흐름성이 최적의 상태가 되도록 하는 것으로 재료들을 섞고 (Blend), 접고 (Fold), 누르고 (Compress), 늘이는 (Stretch)는 동작을 반복함으로써 바람직한 반죽 상태가 되도록 하는 것이다.

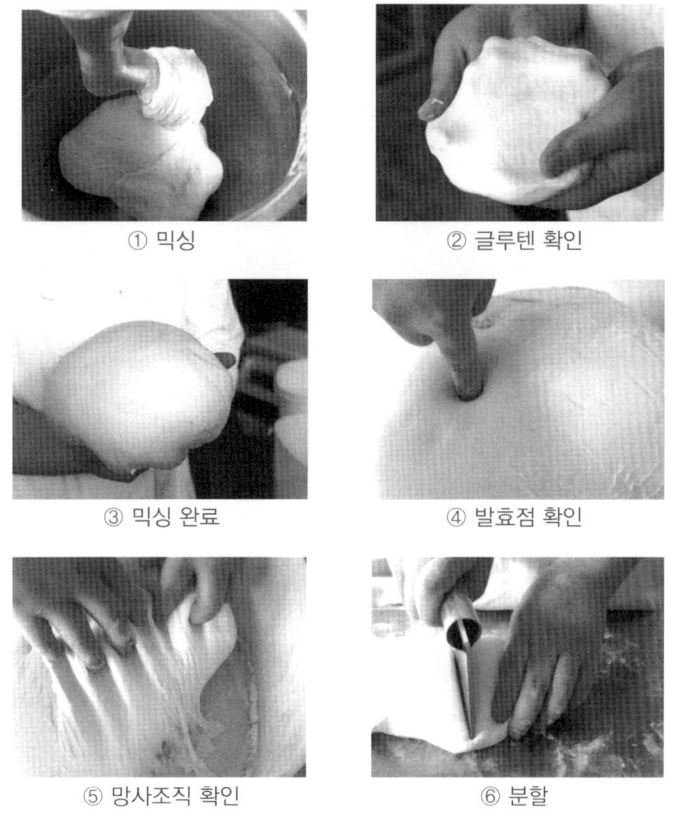

① 믹싱　　　　　② 글루텐 확인

③ 믹싱 완료　　　④ 발효점 확인

⑤ 망사조직 확인　⑥ 분할

　가소성이란 성형과정에서 일정한 모양을 유지할 수 있는 반죽의 성질을 뜻하며 흐름성이란 식빵 팬에 놓일 때에 그 용기의 모양으로 만들어 지도록 하는 유동성을 의미한다.

　빵 반죽의 믹싱 단계는 일반적으로 4단계로 구분되며 첫 번째 단계는 각 재료들의 균일한 혼합과 건조 재료에 수분이 섞이게 되는 수화 과정이다. 유지를 제외한 전 재료를 함께 넣어 섞는 것을 픽업단계 라고 한다.

　두 번째 단계인 클린업 단계는 반죽이 약간 건조한 상태로 되어 반죽기의 회전에 따라 응집력 있는 덩어리가 되기 시작한다. 반죽기의 옆면이 깨끗해지면 유지를 넣는다.

　세 번째 단계인 발전단계가 되면 반죽표면은 건조하고 매끄러운 상태로 탄력성이 가장 좋아지는 상태가 된다.

네 번째 단계는 최종단계로 반죽이 볼을 두드리는 소리가 예리해지고 최적의 신전성을 갖는다. 이 단계에서 반죽을 잡아당겨 늘려보면 반죽은 부드럽고 매끄러운 광택을 가지며 얇게 펼쳐보면 균일한 두께의 반투명한 막을 형성하는 것을 볼 수 있다.

최종단계를 지나 믹싱이 지나치게 되면 반죽은 탄성을 잃고 끈적이며 반짝거린다. 이때 반죽을 잡아 당겨보면 응집력은 사라지고 고무줄처럼 길게 늘어지며 다시 수축하는 힘을 상실하는 단계가 렛다운 단계 이다. 이 단계에서는 밀가루 단백질인 글루텐의 결합이 완전히 붕괴되어 반죽은 늘어지고 쳐지며 빵 반죽으로 사용이 불가능한 상태가 된다.

4. 믹싱 시간의 영향요인

반죽이 클린업 단계에 이르는 시간도 밀가루의 종류에 따라 짧거나 길어진다. 사용 하는 밀가루 단백질의 함량이 많고 숙성이 잘된 밀가루는 믹싱 시간이 길어진다.

분유를 사용하면 전체 단백질의 구조를 강하게 하므로 역시 믹싱 시간이 길어진다. 소금도 글루텐을 질기고 단단하게 하는 작용이 있으므로 믹싱 시간이 길어지나 믹싱이 어느 정도 진행된 후에 소금을 넣고 믹싱하는 후염법은 믹싱 시간을 20% 정도 단축시킨다.

설탕은 수분흡수가 좋은 재료이므로 밀가루 글루텐의 수화를 방해하여 믹싱시간이 길어 져야 하나 설탕사용량이 많은 과자빵 반죽은 식빵반죽에 비해 믹싱을 짧게 하여 반죽이 늘어지는 것을 방지한다.

반죽의 되기도 믹싱시간과 관련이 깊다. 수분흡수가 많은 반죽은 믹싱을 오래 하고 된반죽은 믹싱을 짧게 하며 클린업단계도 빠르게 시작하는 것을 볼 수 있다. 또한 반죽의 온도가 낮으면 반죽내부의 결합력이 작아져 믹싱 시간을 길게 요구하며 발효시간이 짧을수록 발효에서 얻어지는 반죽의 발전이 적어 믹싱 시간을 늘려야한다.

일반적으로 산화제는 반죽을 강하게 하므로 믹싱 시간이 길어지나 시스테인 같은 환원제는 사용량에 따라 믹싱 시간을 50% 까지 단축하기도 한다. 반죽의 pH가 낮아지면 믹싱 시간이 짧아지고 최종단계가 차지하는 시간도 단축된다.

5. 최적 믹싱

반죽을 알맞은 정도까지 발전시키는 것은 다음 공정과 최종제품의 품질에 대단히 중요한 영향을 미친다. 작업자는 가능한 높은 흡수율로 각 제품의 특성에 맞도록 최적의 상태로 반죽을 발전 시켜야 한다. 이것은 반죽이 여러 가지 유동성의 적절한 균형을 얻는 것이며 이러한 성질들을 다음과 같이 분류할 수 있다.

흐름성이란 반죽이 팬이나 용기에 채워지도록 모양이 만들어지는 성질을 말하며, 가소성 (Plasiticity)은 반죽이 둥글리기와 성형과정에서 형성되는 모양을 유지할 수 있는 성질이다. 탄성 (Elasticity)이란 활력있게 튀어 오르고 성형단계에서 본래 모양으로 되돌아가는 성질을 말하며, 점탄성 (Viscoelasticity)이란 점성과 탄성을 동시에 가지고 있는 것을 뜻한다.

최적 믹싱이란 사용하는 재료들을 반죽에 균일하게 분산하여 반죽의 글루텐을 가소성, 탄성, 흐름성이 최적인 상태로 하는 것이다.

반죽내의 글루텐이 믹싱 작용에 의해 얇고, 수화된 연속적인 3차원적 네트워크의 단백질 막으로 전환되었을 때에 반죽 글루텐 발전이 완성된다. 수화된 단백질의 막은 전분입자와 밀가루 미립자들에 에워싸여져 방출되는 가스에 의해 세포의 벽을 형성한다.

믹싱에 의해 공기가 혼입되면 기포형성이 많아져서 반죽의 탄력성과 신전성이 좋아지고 발효하는 동안 이스트 증식에도 이용된다. 믹싱 초기에는 저속으로 믹싱하여 재료들을 분산시켜야 하며 처음부터 고속으로 믹싱을 하게 되면 밀가루와 물이 닿는 부분만 글루텐이 먼저 형성되어 내부와의 수분결합을 방해 하므로 고속보다는 중속 믹싱이 바람직하다.

단백질 함량이 적고 약한 밀가루는 클린업 단계에서 빠르게 최종단계로 진입한다. 한편 강한 밀가루는 클린업 단계를 지나 상당히 장시간의 믹싱을 필요로 한다. 또한 반죽기 혹 (Hook)이나 바(Bar)의 마찰이 증가되도록 바꾸면 기계적 작용이 반죽에 더 많이 전달되어 반죽효율이 좋게 된다.

바의 직경을 늘리고 새로 홈을 파는 방법 등으로 변형된 반죽기는 흡수량이 정상일 때 반죽시간을 20~30% 단축한다. 믹싱의 단계 중에 클린업 단계는 중요한 체크 포인트로 재료결합 후에 반죽은 탄성을 지니면서 반죽기의 혹 또는 암이 회전할 때마다 반죽기의 내부 벽을 때려주어 매우 응집력 있는 덩어리를 만들기 시작한다.

발전단계에 들어서면 반죽은 흐릿하고 거친 상태에서 부드럽고 매끈한 상태로 변하는 것을 쉽게 관찰할 수 있다. 반죽의 글루텐이 발전되기 전에는 펼쳐진 반죽의 막에는 실 무늬 또는 덩어리가 있고 쉽게 찢어진다.

발전단계를 지나 믹싱이 계속될 때 반죽은 볼을 두드리는 소리가 예리한 금속성 마찰음을 지나 탄성을 잃고 반죽기 축에 고무줄 같이 길게 늘어짐으로 바람직하지 않은 반죽상태가 된다.

최적 믹싱이란 절대적인 것이라 할 수 없고 제품의 배합, 제법 뿐만 아니라 원재료 중 특히 밀가루의 단백질량과 질을 고려하여 믹싱을 해야 한다. 소프트브레드 반죽에서의 최적 믹싱이란 글루텐의 저항력이 가장 강한 시기로부터 저항력이 다소 약해지면서 신전성이 충분히 있는 때인 것이다. 반죽을 잡아당겨 늘려보면 반투명의 글루텐 피막이 깨끗하고 약간 건조한 상태로 있을 때가 작업성도 좋고 제품의 상태도 좋다.

6. 믹싱의 과부족

언더 믹싱 (Under mixing)이란 최적상태 이전에 믹싱이 끝난 것으로 원재료의 혼합 불균형 등 문제가 있는데도 초보자는 일반적으로 이 상태에서 반죽을 끝내기 쉽다. 이와 같은 반죽은 작업성이 떨어지며 완제품의 부피도 작고 내상의 세포벽도 두껍다.

그러나 극단적으로 믹싱이 길어지게 되면 반죽의 탄력도 약해지고, 달라붙기 쉽고, 작업성도 떨어진다. 또한 빵의 용적이 작아지며 내상의 세포벽도 두꺼워져 얼핏 보아 믹싱 부족과 비슷한 현상을 나타낸다. 그러나 약간의 오버 믹싱 (Over mixing)이 된다면 플로어타임이나 중간발효를 길게 해줌으로써 어느 정도 회복이 가능하게 된다.

부피와 빛깔 면에서는 표준제품 보다 약간 향상되기도 하지만 맛이 떨어지는 단점이 있다. 이처럼 언더 믹싱 즉, 어린반죽은 재료들이 균일하게 섞이지 않고 반죽의 발전이 적절히 되지 못하므로 덩어리가 있고 끈적이는 반죽이 된다. 이러한 어린 반죽으로 만들어진 제품은 옆면이 들어가고 부피가 작고 빵 속에 줄무늬가 형성되기 쉽고 기공이 거칠게 된다.

오버 믹싱 즉, 지친 반죽은 글루텐의 구조가 파괴되어 수분이 밖으로 배어나와 반죽은 끈적거리고 힘이 없어 성형하기 어렵고 어린반죽으로 만든 빵의 결점과 같은 결과의 제품과 비슷하게 된다.

오버 믹싱에 의하여 반죽의 결합력이 약해지고 늘어지는 원인은 기계적인 연속동작에 의하여 글루텐의 결합이 필요 이상으로 강해져 탄력성을 상실하여 점착성이 증가되기 때문이다. 그밖에도 효소에 의한 단백질이나 전분의 분해, 환원물질의 활성화, 글루텐의 재분해가 원인이 되기도 한다.

7. 반죽의 화학적 측면

반죽은 분자수준에 있어서 3차원의 종합체 망상 조직인 복합적 탄성 시스템으로 몇 가지 유형의 상호 결합에 의해 결합되어 있는 긴 단백질 중합체 체인으로 되어 있다고 생각된다. 이들 중 가장 중요한 것은 공유결합과 S-S결합 외에 수소결합이 있다. 이처럼 반죽의 형성에 관여하는 화학적 인자로는 이황화결합(-SS-)의 환원, -SH기의 산화, SH-SS의 상호교환, 지방질의 과산화 반응 및 효소에 의한 단백질의 분해 등이 있다. 밀단백질은 SH기 보다 SS기를 15~20배 더 함유하고 있다. 그래서 SS기의 함량은 상호교체 반응속도에 거의 영향을 주지 않는다.

밀가루 반죽의 독특한 성질은 이러한 SS-SH의 상호 교환 반응으로 설명되며 이러한 반응은 호밀이나 다른 곡류의 반죽에서 보다 밀가루 반죽에서 가장 빨리 발생하며, 이러한 현상이 밀가루 반죽이 다른 곡류 보다 가스 보유력이 높은 이유 중의 하나이다.

밀가루 입자의 수화 속도는 물의 분산 속도에 따라 좌우되는데 그 이유는 밀가루 입자의 표면이 균일하고 축축하게 되는 것이 빠르면 빠를수록 물은 밀가루의 입자 속으로 빠르게 침투한다. 따라서 전분과 단백질의 수화성은 제분에 의해서도 영향을 받는다.

기계적 마찰이 지나쳐서 생성되는 손상전분의 입자는 더욱 쉽게 물을 흡수하게 되고 단백질은 지나친 마찰에 의해 변성되어 물을 흡수하는 힘의 일부를 잃는다.

반죽의 형성은 밀가루 단백질에 수분이 흡수되어 글루텐을 형성하고 전분의 표면에 글루텐을 펼쳐 연속적인 매트릭스를 형성하는 단백질 입자들의 집합 분산으로,

전분의 표면을 덮기에 충분한 글루텐이 있어야 가스를 보유할 수 있는 상태가 될 수 있다. 이렇게 되기 위한 단백질의 함유량은 최소한도 약 7%가 되어야 한다.

반죽과정에서 또 하나의 효과는 산소의 접촉이다. 밀가루는 약 20%의 공기를 함유하는데 믹싱 과정에서 더욱 많은 공기가 반죽에 혼입된다. 공기의 직접 효과 중의 하나는 산소의 산화작용이다. 대기 중의 산소는 반죽하는 동안 밀가루 속에 있는 SH기를 산화해서 없어지게 한다.

8. 물온도 계산법

기계적으로 믹싱하여 반죽을 제조할 때 발생하는 마찰열을 흡수할 수 있는 장치가 없는 소규모 믹서를 사용하는 제조 시설에서는 반죽온도를 조절해야 이스트가 가장 적합한 온도로 반죽을 발효시킬 수 있다. 따라서 실온이 높은 여름철에는 물 대신에 얼음을 섞어 믹싱함으로써 반죽의 온도를 내리기도 하고 겨울에는 물을 데워서 사용해야 반죽의 온도를 조절할 수 있다.

제빵 재료 중에서 반죽온도에 가장 많은 영향을 주는 것은 밀가루와 물의 온도이며 그 외의 재료는 소량이므로 온도계산에 포함시키지 않는다. 그 외에 작업장의 실내온도나 믹싱 중에 반죽과 볼의 마찰에 의해 발생하는 마찰계수 (Friction factor)를 고려하여 온도 계산의 공식을 유도해 낸다. 믹싱하는 동안에는 마찰에 의한 기계적 에너지에 의해 반죽온도가 상승하는 마찰계수 외에도 밀가루와 물이 결합할 때 생성되는 수화열 (Heat of hydration)도 작용한다.

믹싱하는 과정에서 글루텐이 형성되며 반죽은 단단하게 되고 이러한 반죽이 볼을 치면서 마찰열이 발생하며, 반죽의 되기와 글루텐의 발전상태와 믹싱 시간에 의해 영향을 받는다. 수화열은 밀가루 등 건조 재료의 흡수에 따른 에너지 변화를 말하나 반죽온도 계산에는 포함시키지 않는다. 사용할 물의 온도와 얼음량을 계산하는 방법은 다음과 같다.

스트레이트법에서 물온도 계산법

＊마찰계수 = 반죽 결과 온도×3 − (밀가루 온도 + 실내 온도 + 수돗물 온도)

＊사용할 물온도 = 희망 온도×3 − (밀가루 온도 + 실내 온도 + 마찰계수)

＊얼음 사용량 = 사용물량×(수돗물 온도 − 사용할 물온도) ÷ (80 + 수돗물 온도)

여기에서 80은 얼음 1g이 물 1cc로 녹을 때 발생하는 융해열을 나타낸다.

전체 사용할 수돗물 양에서 얼음양을 제외한 수돗물에 얼음을 부수어 넣어 믹싱하면 반죽온도가 믹싱하는 동안에 내려가게 된다.

* 물온도 계산의 예

밀가루 온도 26℃, 실내 온도 30℃, 수돗물 온도 20℃

결과 온도 33℃, 희망 온도 27℃, 사용할 물량 1000g 일때

* 마찰계수 = 33 × 3 − (26 + 30 + 20) 이므로 23이다.

* 사용할 물온도 = 27 × 3 − (26 + 30 + 23) 이므로 2℃이다.

수돗물은 20℃ 이나 사용해야할 물온도는 2℃ 이므로 얼음을 넣어 반죽
온도를 내려야하므로 얼음량을 계산한다.

* 얼음량 = 1000g × (20 − 2) ÷ (80 + 20) 이므로 180g이 된다.

따라서 사용할 물량 1000g 에서 얼음 180g을 뺀 물 820g과 얼음 180g을 반죽에 넣어 반죽한다.

* 스펀지법에서 물온도 계산법

스펀지법은 믹싱을 두 번하는 방법이므로 스트레이트법에 스펀지의 반죽온도가 추가된다.

* 마찰계수 = 반죽온도 × 4−(밀가루 온도 + 실내 온도 + 수돗물 온도+스펀지 온도)

* 사용할 물온도 = 희망온도 × 4 − (밀가루 온도 + 실내 온도 + 마찰계수 + 스펀지 온도)

* 얼음량 계산법은 스트레이트법과 동일하다.

* 물온도 계산의 예

밀가루 온도 26℃, 실내 온도 30℃, 수돗물 온도 20℃

결과 온도 33도℃, 희망 온도 30℃, 스펀지반죽 온도 25℃

사용할 물량 1000g 일때

* 마찰계수 = 33 × 4 − (26 + 30 + 20 + 25) = 31

* 사용할 물온도 = 30 × 4 − (26 + 30 + 31 + 25) = 8

* 얼음사용량 = 1000 × (20 − 8) ÷ (80 + 20) = 120g

* 그러므로 얼음 120g에 수돗물 880g을 사용 한다

9. 믹서의 종류

빵을 만드는 작업 중에서도 믹싱 공정은 18세기 이전에는 기계시설이 없어 손으로 빵 반죽을 하는 어려운 작업이었다. 18세기 말에 이르러 기계적 믹싱이 유럽에서 시작되었고, 미국에서는 1865년에 최초의 믹서기가 특허를 받았는데 이는 수직형 크랭크축에 반죽이 나무로 만들어진 반죽통의 벽을 치면서 밀가루 글루텐을 발전시키는 형태였다.

현재에 개량된 수직 반죽기 (Vertical mixer)는 반죽이 믹싱하는 동안 훅의 크기, 회전수, 볼과 훅의 간격 등에 따라 영향을 받는다. 반죽이 훅의 어느 부분에 걸려 회전하느냐에 따라 반죽이 눌려지거나 당겨지는 힘이 달라지며 힘의 축이 한 개로 수직형태이므로 힘이 약해 작은 규모의 제조 시설에서 사용된다.

〈수직형 믹서〉

미국과 캐나다 지역에서는 단백질 함량이 높은 강한 밀가루의 믹싱을 위해 저속과 중속의 2단의 속도가 사용되는 수평 반죽기 (Horizontal mixer)가 사용되어 대량의 반죽을 믹싱 하는데 적합하게 사용되고 있다. 수평 믹서의 경우에는 훅의 역할을 하는 바 (Agitator)의 직경, 분당 회전수, 벽면과 바의 간격, 바의 개수, 바의 모양이 직선인가 Z자 형태인가에 따라 마찰되는 반죽의 힘이 달라진다.

〈수평형 믹서〉

유럽지역에서는 비교적 약한 밀가루와 된 반죽의 믹싱을 위해 나선형 훅이 내장된 스파이럴 믹서 (Spiral mixer)가 일반적으로 사용된다. 노타임법 믹싱에 사용되는 믹서로는 영국에서 사용되는 트위디 믹서 (Tweedy mixer)와 독일에서 사용되는 스테판 믹서 (Stephan mixer)가 있는데 초고속 믹싱을 위해 제작된 것으로 믹싱에서 발생하는 마찰열 때문에 반죽을 냉각시키는 장치가 부착되어 있다. 일반적으로 가장 많이 사용하는 수직반죽기와 수평반죽기의 믹싱 작용은 그림과 같다.

〈스파이럴 믹서〉

〈수평형 믹서의 믹싱작용〉

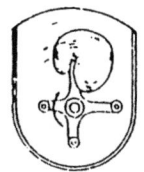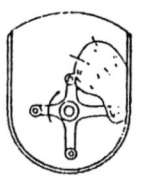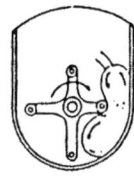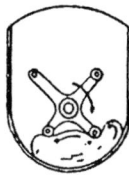

※수평의 바는 앞으로 나온 것과 들어간 것으로 제작
※누르고 당기는 작용
※믹서벽을 치고 누르면서 글루텐을 형성

〈수직형 믹서와 훅의 움직임〉

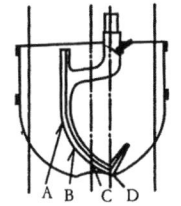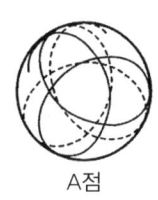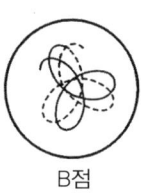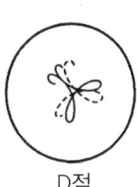

A점　　　　　B점　　　　　C점　　　　　D점

※A지점은 반죽을 믹서벽에 치는 기능이 강하다.
※B지점에서 내려갈수록 반죽을 누르고 당기는 기능이 강하다

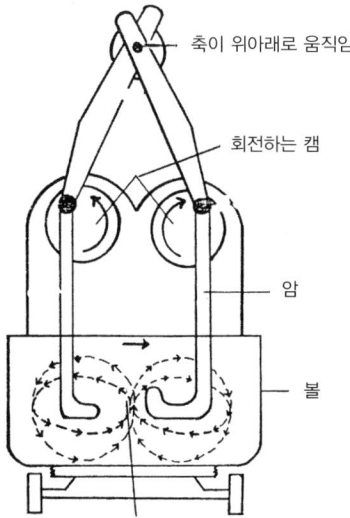

축이 위아래로 움직임

회전하는 캠

암

볼

위 아래로 암이 움직이면서 믹싱함

〈저속 반죽기의 단면도〉

제 3 절   발 효

발효란 복합 유기물을 비교적 단순한 물질로 분해하는 일단의 화학반응 중에 어떤 것 특히, 이스트에 의해 당을 탄산가스와 알코올로 분해시키는 혐기적인 전환으로 정의하고 있다.

이러한 발효가 반죽에 여러 가지 변화를 가져와 빵이 이스트에 의해 팽창된 제품이 되도록 하는 발효 환경에는 여러 가지 인자들이 포함된다. 빵의 맛과 향의 원천은 발효에 있다.

부재료를 많이 사용하는 것보다 발효에 의한 맛과 향을 중요시하는 프랑스빵 같은 제품이 일반화되는 추세이다. 이처럼 빵에서의 발효란 반죽 속에 가장 많이 들어 있는 전분이 효소작용에 의해 적절히 분해되고, 일부는 이스트의 영양원이 되는 당분이 되어 발효가 지속적으로 일어나는 것을 돕고 반죽의 물리적 성질이 적당한 신전성, 점성, 탄성을 갖게 변화 시키는 것이라 하겠다.

1. 발효의 기능

빵 반죽의 발효에 필수적인 세 가지 재료는 팽창작용을 하는 이스트와 기질인 밀가루, 발효환경을 만들어주는 물이다. 이외의 다른 재료들은 공정, 풍미, 저장성을 좋게 하고 더불어 제품의 특성을 나타내기 위해 사용된다.

레벤후크는 1680년에 이스트를 발견했으나 발효현상과 관련시키지 못했다. 당시의 학자들은 발효과정을 자연발생적인 부패의 하나로 간주했다. 1810년에 게이루삭은 발효과정을 다음과 같은 분자식으로 표시했다.

$$C_6 H_{12} O_6 \,(\text{포도당}) \rightarrow 2\, C_2 H_5 OH \,(\text{알코올}) + 2\, CO_2 \,(\text{탄산가스})$$

파스퇴르는 호박산, 글리세롤, 기타 다른 물질들이 발효의 정상적인 부산물 이라는 것을 밝혀냈다. 1897년에 부흐너는 이스트에서 얻어진 추출물이 발효를 할 수 있다는 것을 발견했다. 이 물질은 치마아제란 효소로 명명되었다. 1900년경에 EMP 경로가 나왔으며 많은 화학적 물질이 발효에서 만들어 지는 것을 밝혀냈다.

오늘날에는 발효하는 동안에 생성된 일부 산물이 박테리아에 의한 것으로 알려져 있다. 최종 산물인 알코올과 탄산가스는 이스트에 의해 생성되는 반면에 젖산과 초산은 박테리아에 기인한다.

로빈슨은 이스트에 의해 동화된 저해물질 때문에 전체 발효과정에서 박테리아의 수가 감소됨을 발견했다. 그러나 일부 박테리아에 의해 향의 생성이 촉진되는 것도 발견했다. 이스트 세포가 반죽에선 수적으로 박테리아보다 훨씬 증가하지만 박테리아의 존재가 최적발효를 위해 필수적이라 하겠다.

제빵에서 사용되는 이스트는 반죽의 팽창작용과 향 생성 그리고 발효하는 동안에 이루어지는 반죽의 숙성작용의 3가지 기본적이고 전통적인 기능을 갖고 있다. 양질의 발효제품인 빵을 만들기 위해서는 혐기적 조건아래 이스트 대사과정의 부산물로 탄산가스가 발생 하고 반죽은 성형 후에 적절한 가스 세포 구조를 가져야 한다.

반죽은 발효에 의해 생성된 가스를 보유하고 있어야 하며 굽기 초기 단계에서 적절한 오븐 스프링이 일어날 수 있도록 준비되어 있어야 한다. 또한 구운 제품은 바람직한 향을 지녀야 하며 이러한 것들은 양질의 빵 제조에 필수적으로 필요하다.

예를 들어 스펀지법의 발효에서 이스트의 기능과 노타임법의 발효가 비교되었을 때에도 중요성은 다르지 않다. 스펀지법에서 발효는 다음에 언급될 많은 기능을 수행하는 반면 노타임법에서의 전체 발효는 최종 2차발효 단계에서 일어난다.

2. 가스 생산

가스를 생산하는 이스트의 기능은 모든 발효의 제빵법에서 필수적이다. 이스트를 화학팽창제로 대치해서 전형적인 빵의 외형과 속의 구조를 갖는 빵을 만들기는 가능하지만 발효향도 없고 씹는 맛도 없으므로 이스트로 발효시킨 빵의 대치물로는 적합하지 않다.

가스 생산과 관련해서 발효는 생물학적 과정이고 발효 속도는 반죽의 이스트 양과 온도, 산소와 pH 같은 반죽의 조건들에 의해 결정된다. 반죽 중의 가스 발생력에 영향을 미치는 것으로는 이스트의 양과 질, 당분의 양과 종류를 들 수 있다. 그 밖에도 효소력, 반죽온도, 반죽의 되기, 손상전분 함량, 이스트푸드의 종류와 양, 소금의 양, 반죽의 산도 등의 요인이 있다.

반죽 중에는 이들 요인이 따로따로 작용하는 것이 아니라 서로가 복잡하게 연관을 갖고 가스가 발생한다.

이스트가 다량으로 사용되었더라도 반죽에 당분이 들어있지 않으면 초반에만 가스발생이 많아지며 전체의 가스발생량은 이스트를 적게 사용한 경우와 별로 차이가 없다. 이스트는 종류에 따라 초반에 가스발생이 많은 것과 후반에 가스발생이 많은 것, 평균적으로 가스 발생이 꾸준한 것들이 있으므로 유의해서 사용해야 한다. 만약 후반에 발효력이 강한 이스트를 비상법에 사용해서는 좋은 제품을 기대할 수 없다.

반죽에 들어있는 당 함량과 가스 발생력과는 당 함량이 약 7%까지는 거의 비례관계에 있으나 그보다 사용량이 많아지면 약해진다. 발효에 영향을 주는 당 중에서도 포도당과 자당은 빠르며 과당과 맥아당은 작용이 늦고 유당은 이스트에 의해서 발효에 이용되지 못한다.

당분함량이 적은 반죽에 질소화합물이나 무기염류를 넣는 것도 발효에 도움을 준다. 따라서 이스트푸드의 종류가 무기성인가 유기성인가는 중요한 요인이다. 아밀라아제 활성이 강한 것은 발효 후반에 당분을 필요로 하며 암모늄을 함유하고 있는 것은 발효 전반에 이스트의 활성에 도움을 준다.

소금은 전혀 없어서도 안되지만 2% 이상에서는 효소작용을 뚜렷이 억제시키기 때문에 가스발생은 급격하게 약해진다. 아밀라아제는 기질인 밀가루 전분에 대한 활성이 pH 4.5~5.5에서 가장 좋다. 발효가 진행됨에 따라 탄산가스가 반죽 중에 용해하여 탄산이 되며 지질은 산화된다. 알코올의 산화에 따른 초산 생성 등으로 pH는 낮아져 가스 생성이 감소한다.

가. 이스트의 양과 질

이스트의 양과 발효온도를 적절히 조절함으로써 발효시간을 짧게 하거나 길게 할 수 있으나 그렇게 해서 만들어진 제품은 정상적인 제품의 품질을 따르지 못한다.

발효성 당의 함량이 충분할 때 이스트의 양과 발효시간 사이에는 반비례가 성립된다. 즉, 이스트양을 감소시키면 발효시간이 길어지고 반대의 경우에는 짧아진다. 이 관계를 식으로 요약하면 다음과 같다.

$(y \times t) \div n = x$ y = 정상적으로 사용된 이스트 %,   t = 표준발효 시간

n = 변경된 발효시간, x = 변경된 발효시간에 필요한 이스트양

예를 들어 2% 이스트를 사용하여 4시간 발효했을 경우에 가장 좋은 결과를 얻는다고 가정하면 발효시간을 3시간으로 감소시키려면 위의 식에 의해 이스트의 양은 다음과 같이 계산된다.

$(2 \times 4) \div 3 = 2.66\%$ 즉, 발효시간을 3시간으로 감소시키기 위해 이스트 양은 2.66%로 증가해야 한다. 또한 위의 조건대로 가정하고 발효시간을 단지 2시간으로 감소시키려면 4%의 이스트가 필요하다.

그러나 그렇게 많은 양의 이스트를 사용해서는 글루텐을 적절히 발전시킬 수 없으며 최종 제품에 이스트의 냄새가 남아 있게 되므로 좋은 제품을 만들어낼 수가 없다. 일반적으로 발효시간은 이스트 양을 조절해서 최고 30% 까지 변화 시킬 수 있다. 그 이상으로 변경시키려면 기타 다른 요소 즉 온도와 이스트푸드의 양 등을 조절해야 한다.

나. 반죽의 온도와 pH

통상 표준 조건 아래서 0.5℃의 온도 변화는 스트레이트법에서 15분 발효에 해당한다. 따라서 정상 보다 반죽온도가 0.5℃ 높으면 발효시간은 정상 보다 15분 짧아진다. 반죽에 다른 변화를 주지 않는다면 발효의 변경에 적용되는 시간은 약 45분 이내로 제한되어야 한다.

이스트푸드의 사용에는 일정한 법칙이 없으나 보통 발효시간이 짧은 경우에는 이스트푸드 양을 증가시키고 반대의 경우에는 감소시킨다. 정상적인 양의 20~25% 범위 내에서 점차적으로 증감시켜야 한다.

밀가루에 포함된 호기성균인 초산균, 낙산균과 혐기성인 유산균은 발효 중에 생성되며 알코올은 미량이지만 자극성인 초산으로 전환된다. 이스트푸드에 들어있어 이스트의 먹이가 되는 질소를 공급하는 염화암모늄이나 황산암모늄은 미량이지만 황산이나 염산 같은 강한 산을 남기게 되어 반죽의 pH는 발효가 진행됨에 따라 점차 낮아지게 된다.

액체발효에서 가스발생에 대한 온도의 영향

온 도		최고 가스 발생율	가스발생에 도달되는 시간
℃	℉		
29	84.2	20	150 분
31	87.8	23	135 분
33	91.4	24.5	135 분
35.5	95.5	25	120 분
38	100.4	26	90 분
40	104.0	22.5	75 분
42	107.6	20	30 분

이스트는 pH가 4.5에서 5.5 범위에서 가장 활성이 좋고, 최종 발효 단계의 pH는 그 범위 내에 들어있다. 가스 보유력은 pH 5.0 정도에서 가장 좋으며 이는 글루텐 단백질의 등전점이 5.05~5.5 사이이기 때문이다.

온도변화에 따라 이스트는 5℃에서는 휴지상태이고 10℃에서 20℃ 사이에선 발효가 억제되며 약 35℃로 올라갈 때까지 활성이 증가한다. 35℃ 이상에서의 활성은 이스트가 60℃에서 불활성화 될 때까지 감소한다. 이것은 발효과정에서 온도관리의 중요성을 나타내는 것이다.

다. 탄수화물과 효소

적절한 환경에서의 가스 생산은 이스트에 필요한 영양소의 존재에 따라 영향을 받고 효소들은 이 영양물질을 공급하기 위해 필요하다. 효소는 발효의 열쇠라 할 수 있으며 이 효소들의 주요 출처는 밀가루와 이스트이다. 효소는 식물 또는 동물에 존재하며 그것들은 적절한 조건에 있을 때에 스스로는 변하지 않고 화학반응의 속도만 변화시킨다.

발효는 그 자체가 효소 촉매반응에 기초를 두고 있다. 발효와 가스 생산을 수반하는 주요 효소들은 다음과 같다.

밀가루는 알파와 베타 아밀라아제를 함유하고 있는데 베타 아밀라아제는 발효에 필요한 충분한 아밀라아제가 함유되어 있다. 베타 아밀라아제는 밀 전분을 발효성 당을 만드는 맥아당으로 분해한다.

그러나 알파 아밀라아제에 의해 전분이 덱스트린으로 분해되기 위해서는 전분입자가 손상되어야 한다. 제분공정 중에서 일부 전분은 기계적 마찰에 의해 전분입자가 쪼개지거나 부서져 손상되는데 이러한 전분은 알파 아밀라아제에 의해 더욱 쉽게 이용된다. 정상적인 밀가루에 있어선 4~6%의 전분이 손상을 입게 되며 이는 제분된 밀의 종류와 등급, 제분방법에 따라 변화한다.

이러한 손상전분은 정상발효 과정동안 알파 아밀라아제에 의해 덱스트린으로 전환되고 덱스트린은 베타 아밀라아제에 의해 맥아당으로 더 분해된다. 전분은 맥아당의 형태로 이스트에 탄수화물을 공급한다. 아밀라아제는 굽는 단계의 초기에서도 활성이 계속 유지되며 고온에서 불활성화될 때까지 오븐에서 반죽온도가 상승함에 따라 활성도 증가한다.

말타아제는 이스트에 있는 많은 효소들 중의 하나이고 손상전분 등에 의해 생성되는 맥아당을 2분자의 포도당으로 분해한다. 또한 이스트는 설탕을 포도당과 과당으로 분해하는 효소인 인베르타아제를 함유한다. 이스트에 들어 있는 효소는 대부분이 균체 내 효소지만 인베르타아제 만은 균체 외에서도 활성을 나타내어 자당을 분해한다.

포도당, 자당, 과당, 맥아당이 함께 들어있는 반죽에서는 포도당이 가장 빠르게 이스트에 의해 이용된다. 이와 거의 동시에 자당이 인베르타아제에 의해 분해되며 발효의 진행과 더불어 맥아당이 말타아제에 의해 천천히 분해된다. 치마아제는 이스트에 있는 효소로 포도당과 과당을 탄산가스, 알코올, 향 등의 화합물로 전환시켜 빵의 맛과 향을 결정하는 중요한 역할을 한다.

밀가루 자체에는 약 0.5% 정도의 포도당과 과당이 들어있어 이스트가 발효를 촉진시키는데 충분한 양이 된다.

바게트처럼 당을 첨가하지 않는 반죽에서도 발효초기에는 유리당을 이용하여 발효가 진행되나 유리당이 소모되면 아밀라아제가 손상전분에 작용하여 생성된 맥아당을 가수분해하는데 시간이 걸리므로 가스 발생 속도가 감소된 다음에 다시 증가한다.

반죽온도가 높을수록 가스 발생량은 증가하나 35℃로 높은 온도에서는 180분 후부터 당의 소모로 인하여 가스 발생량이 급격히 감소한다.

1g의 이스트는 한 시간에 0.32g의 포도당을 발효시키며, 반죽의 발효에 적당한 당 함량은 밀가루 기준으로 약 3.5%로 이보다 많은 당 함량은 잔당으로 껍질색이

나 단맛을 내는 역할을 한다.

이스트 대사에 필요한 탄수화물을 공급하는 효소들 이외에도 질소를 공급하는 암모늄화합물, 인산염, 칼슘염 등이 있는데 이것들은 이스트푸드의 형태로 공급된다.

발효에서 효소의 작용

효 소	공 급 원	기 질	분 해 산 물
알파 아밀라아제	밀가루, 맥아	전 분	수용성 전분, 덱스트린
베타 아밀라아제	밀가루, 맥아	덱스트린	맥 아 당
인베르타아제	이 스 트	자 당	포도당 + 과당
말 타 아 제	이 스 트	맥 아 당	포 도 당
치 마 아 제	이 스 트	포도당, 과당	탄산가스, 알코올
프로테아제	밀 가 루	단 백 질	아미노산의 마이얄 반응

라. 삼 투 압

높은 농도의 당, 무기염류와 기타 가용성 물질 등은 삼투압에 의해 이스트 발효를 저해한다. 모든 발효성 당은 반죽에서 약 5%를 초과해서 사용할 때 이스트 발효에 저해 작용을 나타내기 시작한다. 저해작용의 정도는 당 농도가 최적 수준을 넘어 높아질수록 점차적으로 커지게 된다. 삼투압에 대한 이스트의 내성은 균의 종류에 따라 다르다.

내당성이 좋은 이스트는 당 함량이 높은 과자빵을 더욱 잘 발효시킨다. 사용하는 소금양이 1%가 넘으면 삼투압에 의해 이스트는 세포내 수분을 잃게 되고 가스 생산이 줄어든다. 소금을 1.5% 사용할 때 가스 생성의 압력은 929mmHg를 나타내나 반죽에서 소금의 농도가 2.5% 이상이 되면 이스트는 급격히 저해작용을 받게 되어 가스압력은 753mmHg로 줄어든다.

마. 가 스 량

포도당 1000g이 발효되었을 경우 대략 알코올 486g, 탄산가스 464g, 기타 유기물질 50g이 생성된다. 464g은 약 9 Cu.ft의 가스가 된다. 이것은 50kg의 반죽을 팽창시키기에 충분한 탄산가스이다. 이 관계를 밀가루 100%로 바꿔보면 밀가루에 대해 3.5%의 당이 2차발효 동안에 반죽을 적절히 팽창시키기 위해 필요한 양이다.

2차발효 시간은 대부분의 대규모 산업체에서 중요하며 식빵의 경우 소요시간은 50~60분이다. 2차발효 동안에 이스트의 양과 발효시간에 따라 차이가 있으나 밀가루 기준으로 3.5%의 당이 발효에 의해서 사용된다.

비상법은 믹싱 후에 곧 높은 가스발생이 필요하고 이는 2차발효와 굽기의 초기 단계까지 적절히 유지되어야 하므로 비상법으로 변경할 때에는 조절이 필요하다. 이처럼 가스 생산은 이스트의 사용량, 이스트의 가스발생 특성, 이스트의 활동을 돕는 재료, 저해하는 재료 등에 따라 좌우된다. 이스트의 영양물질은 가스 생산을 지속하고 가스 생산 속도를 안정화 하는데 필요하다.

3. 기공 형성

이스트는 발효에 의해 가스를 만들고 생성된 산과 기타 물질들의 반응을 통해 가스세포의 성질을 변경한다. 가스세포는 2차발효 전에 믹싱, 분할, 둥글리기, 정형에 의해 만들어진다. 가스 생산은 가스세포를 팽창시켜 가스 포집과 보유력을 개선하므로 발효에 의해 가스세포벽은 얇아진다.

발효에서 생성된 산은 반죽의 수소이온 농도를 증가시켜 글루텐을 부드럽게 하여 가스 보유력을 좋게 하고 팽창성이 좋으며 얇고 신장성 있는 막을 형성하게 된다.

이러한 현상에 대한 일반적인 용어는 글루텐 숙성이라 하고, 이는 오랜 발효 동안에 일어난다. 노타임 도에서는 이러한 생물학적 작용의 일부가 화학적 반응, 주로 산화제와 환원제의 사용으로 대치된다. 기공과 조직의 문제점은 발효에서도 발생하지만 이외에도 반죽을 적절치 못하게 다루는 과정에서도 일어난다.

빵반죽에는 유산균과 초산균이 들어있으며 유산균은 포도당을 발효해서 유산을 생성한다. 이는 분자식으로 $C_6H_{12}O_6$(포도당) → $2CH_3CHOHCOOH$(유산) 로 표시한다. 유산은 비교적 강한 산이며 발효에서 많은 양이 생성되어 반죽의 pH를 내리는데 관여한다.

초산균은 알코올을 초산으로 전환한다. 이는 분자식으로 C_2H_5OH(알코올)+O_2→ CH_3COOH(초산) + H_2O 로 나타낸다.

초산은 유산보다 약한 산이고 아주 적게 이온화 한다. 따라서 pH에 대한 효과는 유산보다 작다. 이외에도 pH를 내리는 데는 이스트푸드에 들어있는 암모늄염에서 이스트가 암모니아를 동화하고 강한 산을 미량 남기게 된다.

황산과 염산은 거의 완전히 이온화하여 모든 수소이온을 분리된 형태로 내놓으므로 미량이라도 반죽의 pH를 내리는데 영향이 크다. 발효가 시작될 때 반죽의 pH는 대략 5.3 정도인데 발효가 끝날 때는 여러 가지 반응의 결과로 4.5로 하강한다.

효소와 최적 pH 및 온도

효　소	공급원	기　질	최적pH	최적온도
알파 아밀아라제	밀가루, 맥아	밀가루 전분	4.5 ~ 5.5	45 ~ 55℃
베타 아밀아라제	밀가루, 맥아	밀가루 전분	4.5 ~ 5.0	55℃
프로테아제	밀가루, 맥아	밀가루 단백질	3.0 ~ 4.5	40 ~ 50℃
프로테아제	밀가루, 맥아	우유 카세인	5.0 ~ 6.0	40℃
치마아제	이스트	포 도 당	5.0 ~ 5.2	30 ~ 33℃
말타아제	이스트	맥 아 당	6.6 ~ 7.3	30℃
프로테아제	이스트	알부민, 글로블린	5.0 ~ 6.0	38℃
인베르타아제	이스트	자　당	4.0 ~ 5.0	50 ~ 60℃

이러한 pH의 변화는 글루텐의 수화와 팽윤, 효소 작용 속도, 유기염과 산화 환원 과정을 포함하는 여러 가지 화학반응에 뚜렷이 영향을 미치게 된다.

굽기의 초기단계 동안에 가스세포가 급격히 팽창할 때 가스의 열팽창과 이스트에 의한 가스 생산이 크게 증가 되므로 반죽의 가스 보유능력이 오븐 스프링을 좋게 한다.

효소와 화학적 변화를 통한 발효공정은 반죽을 발전 또는 숙성 시키는데 필수적인 역할을 한다. 노타임 도에서는 이런 발전은 주로 기계적인 방법과 화학적인 방법으로 얻어진다.

가스 생산과 보유와 가스세포 구조는 상호 관련되어 있어 만약 반죽에서 가스 생산이 너무 적다면 발효되는 동안에 충분히 숙성되지 않은 것이고 가스 보유력이 낮아 2차발효에서 가스 생산이 더욱 적어질 것이다. 이러한 상태에서는 2차발효를 연장할 수 있으나 반죽의 발전이나 숙성의 결핍이 해소되지는 않는다. 따라서 반죽의 가스 보유력이 나쁘면 오븐스프링도 좋지 않게 된다.

2차발효를 완전히 마친 반죽이 오븐에 들어가도 발효에 의한 탄산가스 발생속도는 굽기의 초기 단계 동안 증가하며 약 60℃에서 이스트가 불활성화 되기 직전에서 절정에 도달한다.

발효에서 생성된 탄산가스의 일부는 반죽의 수분에 녹게되고 탄산가스의 팽창은 60℃를 넘어서까지 계속 증가한다. 반죽은 점탄성이 변하고 유동성은 전분의 팽창이 이루어지기 전인 45~60℃ 범위에서 활발하다.

열에 의해 호화되어 있는 전분이 효소에 의해 액화되는 것은 굽기의 초기단계에 형성하는 유동성 증가의 주요한 원인이다. 이처럼 아밀라아제의 활동은 효소가 오븐 열에 의해 변성될 때까지 계속된다. 발효가 멈추더라도 온도가 88℃에 도달될 때까지 전분의 호화에 의해 반고체 구조가 형성된다.

좋은 빵을 만들기 위해 이스트의 강한 가스발생과 더불어 가스를 보유하는 강한 조직이 필요하다. 가스 보유력은 밀가루 단백질의 양과 질이 중요한 요소이다. 단백질의 양이 많고 질이 좋더라도 적절한 믹싱으로 글루텐이 형성 되어야 한다. 단백질이 많더라도 질이 나쁘면 가스 보유력은 약해지며 단백질의 품질이 좋더라도 함량이 낮은 박력분으로는 가스 보유력이 약해진다.

이외에도 보유력에 영향을 주는 요인들로는 반죽의 산화정도, 유지 사용량과 종류, 수분 함량, 이스트의 사용량, 유제품, 소금, 효소제, 산화제, 반죽의 pH 등이 있으며 이들은 서로 복합적으로 작용한다.

밀가루에 가스 보유력을 제공하는 믹싱의 시간은 밀가루 단백질의 양과 질 뿐만 아니라 발효시간의 장단, 빵의 종류에 따라서도 달라진다. 반죽의 산화가 지나치게 낮으면 반죽의 가스 보유력이 약하고 과발효가 되면 반죽이 잘라지기 쉽게 되며 보유력은 떨어진다.

사용하는 유지는 쇼트닝이 가장 좋고 액체 식용유는 보유력이 약하다. 반죽의 글루텐 전체에 균일하게 유지를 분산시켜 보유력을 강화하기 위해서는 유지사용량이 4~5%가 좋으나 많아지면 글루텐이 상대적으로 약해지므로 보유력이 저하된다.

진 반죽 보다는 된 반죽이 보유력이 좋다. 진 반죽은 반죽의 수화가 좋고 효소작용이 활발하므로 가스 발생력은 좋으나 반죽의 물리성이 나빠지므로 보유력이 약해진다. 이스트 양이 많은 경우에는 발생력은 좋으나 효소력도 함께 증가하므로 보유력은 차츰 약해진다.

유제품은 보유하고 있는 단백질이 밀가루의 단백질과 물리적으로 결합하여 가스 보유력을 강하게 하는 반면 유단백질의 완충작용으로 pH의 저하가 적어질 경우에는 가스 발생력에 영향을 준다. 가스 보유력은 pH가 5.0~5.5 사이에서 가장 좋으나 pH 5 이하가 되면 글루텐의 등전점의 범위를 벗어나므로 보유력이 약하게 된다. 제품에서의 좋은 기공은 가스 발생력과 가스 보유력의 어느 한쪽이 너무 치우치지 않도록 일치시켜야 얻어질 수 있다.

원재료의 pH

원료명	pH	원료명	pH
밀가루	6.23	설탕	6.87
이스트	5.92	쇼트닝	7.47
이스트푸드	6.25	탈지분유	6.90
소금	6.48	건포도	3.94

4. 풍미

빵이 좋은 풍미를 갖기 위해서는 원료와 발효, 굽기의 세 가지 공정이 가장 중요하다. 신선한 재료의 사용과 알맞은 배합비율로 제조하는 것이 중요하며 소금은 불순물이 적은 것이 다른 재료의 맛과 향을 증진시킨다. 적절한 양의 설탕 사용은 발효 중에 생성된 피르브산 (Pyruvic acid)에서 여러 종류의 풍미 인자가 되는 것들을 만들어낸다.

특히, 사용하는 유지에 따라 빵의 풍미는 많은 영향을 받으며 유지는 지방산과 글리세린이 피르브산으로 진행되는데 작용한다. 우유도 제품에 풍미를 제공하고 카세인 분해 아미노산이나 유당의 마이야르 반응에 의한 풍미생성도 중요하다.

무기질 성분과 효소도 발효를 증진시키므로 발효향이 많아지며 발효과정에서 단백질로부터 효소에 의해 생성된 아미노산의 분해작용으로 알데히드류와 여러 가지 유기산이 빵의 풍미를 높인다.

현재까지는 발효공정에서 형성된 생성물을 완전히 대체하는 재료나 첨가제는 없다. 따라서 노타임이나 비상법 보다 정상 발효과정에서 더 많은 발효부산물이 얻어진다. 향은 제품성분의 맛 보다 여러 효소들의 작용이 더 중요하다.

빵의 조직, 부피, 껍질, 두께, 바삭거림, 제품의 신선함은 모두 풍미와 관계되고 이러한 요소들은 제품을 평가할 때 모두 고려되어야 한다. 발효가 지나치면 과량의 산이 생성되거나 발효공정 중의 보조반응을 통해 다른 유기 화합물을 만들어서 바람직하지 않은 풍미를 내게된다.

빵을 구울 때의 향을 그대로 보존할 수 있다면 최상의 풍미를 지닌 제품이 되겠지만 냉각과정 중에 휘발성 알데히드, 푸르프랄(Furfural) 등의 많은 향이 증발하므로 고온 단시간으로 구운 빵의 향이 더 좋은 풍미를 낸다.

이러한 풍미를 오래 유지하기 위해서는 30℃에서 포장한 제품이 부드럽고 풍미도 양호하다.

5. 발효관리

발효관리는 가스발생과 가스보유가 가능한한 균형이 맞도록 발효를 조절하는 것이다. 가스 보유력이 최적의 상태가 되기 전에 가스 발생력이 최대점에 도달한다면 많은 양의 가스가 손실되어 반죽을 알맞게 팽창시키기에 충분한 양이 남아있지 않게 된다.

반대로 가스발생이 최고에 도달하기 전에 최적 가스 보유력에 도달된다면 보유할 가스가 부족하게 된다. 가스 생산력과 보유력, 두개의 피크가 동시에 도달되면 기공, 조직, 껍질색과 기타 빵의 특성이 좋고 부피가 가장 큰 제품이 된다.

6. 발효 실제

반죽통에 반죽이 달라붙지 않도록 소량의 기름을 칠한 다음 믹싱이 끝난 스펀지 또는 스트레이트법 반죽을 넣는다. 이때 반죽의 윗면은 균일하고 일정하게 되도록 뒤집고 평평하게 한다. 이는 반죽 덩어리가 매끄러운 표피를 형성하여 가스를 잘 보유할 수 있도록 하는 것이다.

반죽 부피와 반죽통 용량 사이에는 정의 상관관계가 있다. 만약 반죽통이 반죽에 비해 너무 작으면 반죽은 부풀어 올라 넘쳐 흘러버리고 반죽통이 너무 크다면 반죽은 부풀어 오르기 보다는 퍼져서 적절한 발효를 하지 못하게 된다.

발효실의 온도는 약 27℃, 습도는 75%가 가장 이상적이다. 이보다 낮은 온도는 발효속도가 느려져 발효시간이 오래 걸리게 된다. 온도가 높으면 발효속도는 가속되나 야생효모, 유산균, 초산균, 곰팡이, 로프균 등이 번식해 소위 거친 발효가 발생할 위험성이 커진다.

습도의 조절도 중요한데 상대습도 70% 이하에서는 반죽 표면이 마르게 되고 껍질이 형성되어 발효를 지연시키고 최종제품이 불규칙하게 된다. 또한 발효실의 문을 자주 연다든가 통풍이 많으면 반죽의 온도가 올라가거나 내려가서 불규칙한 발효가 된다.

가. 스펀지법

제빵산업이 대규모로 기계화되면서 미국에서 개발된 방법으로 단백질 함량이 높은 밀가루의 특성을 최대로 이용한다. 첫 번째 믹싱 반죽을 스펀지라 하며 전체 밀가루의 70%를 넣고 제조하는 70% 스펀지법이 가장 많이 사용된다.

이때 스펀지의 온도는 23℃에서 26℃로 조절해야 하고 실제온도는 각 공장의 상황에 따라 변한다. 대체로 스펀지는 스트레이트 반죽보다 낮은 온도로 적절한 양의 이스트를 사용하는 것이 바람직하다. 약 2%의 이스트를 사용하면 반죽의 온도는 급격한 상승이 없이 3시간에서 4시간 반이면 스펀지 반죽은 완전히 숙성하여 완제품의 저장성, 기공, 조직이 좋아진다.

스펀지 발효를 하는 동안 스펀지 반죽의 온도는 처음보다 5.6℃ 이상 상승하면 안 된다. 이는 온도 초과의 문제가 아니라 스펀지 발효가 지나친 것을 의미한다. 발효가 지나친 스펀지는 기공이 열리고 불규칙하며 조직이 거칠다.

반면에 발효가 부족한 스펀지 반죽은 탄력성이 없고 기계적성이 나쁘며 제품의 기공은 두꺼운 세포벽이 되므로 빵 속의 색깔이 어둡게 된다.

스펀지 발효 시간을 결정하는 방법 중의 하나는 소위 드롭(Drop) 또는 브레이크(Break)를 들 수 있다. 보통 스펀지는 발효 동안 처음 부피의 4~5배로 부풀고 그 후 부피가 수축된다. 이러한 부피의 감소를 드롭 또는 브레이크라고 하는데 발효를 더 진행 할 시간이 결정되는 시점이다.

어린 스펀지 또는 지친 스펀지가 바람직하느냐에 따라 드롭은 전체 발효시간의 75%에서 66%를 나타낸다. 일반적으로 잘 숙성된 밀가루는 어린 스펀지가 바람직하고 드롭 이후의 시간을 전체 스펀지 발효시간의 25%로 계산한다.

스펀지 발효시간을 4.5시간, 온도상승을 5.6℃ 라고 한다면 스펀지의 윗부분을 뒤로 제쳤을 때 형성된 직물구조 (Web structure)는 어떤 특징적인 모양을 나타낸다. 전체 발효의 약 1/3을 경과한 스펀지의 직물구조는 무겁고 조밀하며 당겼을 때 저항력이 약해지고, 더욱 가는 실모양이 된다.

완전히 발전된 스펀지 반죽은 부드럽고, 건조하며 유연하고, 저항 없이 늘여 펼수 있는 부드러운 직물구조를 형성한다. 이보다 발효가 지나치면 스펀지의 직물구조는 지나치게 가스가 차고 축축한 상태가 된다.

발효된 스펀지는 나머지 재료와 다시 한번 믹싱을 하게 되고 믹싱이 끝나면 플로어타임 (Floor time)이라고 불리는 발효를 하게된다. 플로어타임은 믹싱 시간과 어느 정도 관련이 있어서 믹싱시간이 길어지면 반죽은 회복에 필요한 플로어타임도 길어진다.

믹싱이 끝난 직후의 반죽은 신장성은 좋으나 많이 잡아당기면 찢어지듯 거칠게 떨어진다. 그러나 플로어타임이 지나면 반죽은 기계적성이 좋아져 약간 건조하며 잡아당기면 깨끗이 떨어진다. 플로어타임도 이 지점을 지나게 되면 반죽은 축축하고 끈적거리고 탄력이 없어진다.

나. 스트레이트법

스트레이트법 반죽은 스펀지 보다 약간 높은 온도인 27℃로 조절한다. 왜냐하면 스트레이트 반죽에는 모든 재료가 발효에 사용되므로 소금이나 분유 같은 이스트의 활성을 저해하는 작용이 있는 것들이 있어 약간 높은 온도로 발효를 한다. 발효시간은 이스트푸드를 사용 할 경우에는 90분에서 120분 정도의 시간이 걸리나 개량제를 사용하여 60분 이내로 단축하기도 한다.

발효실 온도는 27C, 습도는 75%로 유지하며 발효시간이 60분 이내인 스트레이트법 반죽은 펀치를 하지 않는다.

발효점 측정은 처음 반죽 부피 보다 3~3.5배로 증가하였고 반죽을 살짝 눌렀을 때 누른 자국이 약간 오므라드는 상태로 판단한다. 1차 발효가 덜된 상태에서는 부피의 증가도 작고 손가락으로 눌러보면 탄력성이 좋아 누른 자국이 빠르게 원 위치 하게된다.

반면에 발효가 지나친 경우에는 누른 자국이 그대로 남아 거의 움직이지 않게 된다. 발효가 적절히 이루어진 반죽은 발효통의 벽면과 반죽사이를 펼쳐보면 반죽은 그물망 조직을 이루고 이러한 망사조직은 부드럽고 건조하다.

다. 반죽의 펀칭

바람직한 펀칭방법은 반죽의 가장자리 부분을 가운데로 뒤집어 모으면서 접어 눌러 가스를 뺀다. 펀치를 하므로 반죽의 위와 아래부분의 온도를 균일하게 해서 반죽 전체에 발효가 고르게 진행되게 하고, 과다하게 축적된 탄산가스를 제거하여 발효가 저해되는 것을 막는 동시에 반죽에 산소를 공급해 주어 이스트의 활성을 돕고, 반죽을 펼치고 접는 과정에 의해 글루텐의 발전을 도와 가스 보유력을 증가 시킨다.

가스 발생은 발효하는 동안 일정하지 않고 최고 속도에 도달될 때 까지 증가하다가 감소한다. 반죽 부피의 증가는 발효하는 처음 1시간 동안의 가스발생과 일치한다. 따라서 펀칭 없이 발효하게 되면 탄산가스의 발생이 적어진다. 그러나 반죽이 적절한 시간에 펀칭된다면 가스 보유력은 펀칭한 지점에서부터 증가하며 반죽의 펀칭 후에 발효 속도도 가속화된다.

처음 펀칭하는 시기는 반죽의 발전에 중요하며 일반적으로 손가락으로 반죽을 찌르고 재빠르게 빼어 반죽의 상태를 관찰한다. 만약 반죽이 원래의 모양으로 환원되면 펀칭을 할 수 있는 때이다. 이 지점은 전체 발효시간의 60% 지점이다. 반죽은 처음 펀칭할 때까지 경과된 시간의 1/2 지점에서 다시 펀칭한다. 이것은 전체 발효시간의 30%에 해당되고 나머지 10% 동안에 반죽은 분할기에 보내진다.

발효시간을 결정하는데 중요한 역할을 하는 것은 밀가루 숙성 여부이다. 완전히 숙성된 밀가루는 발효시간이 짧고 숙성이 덜 된 밀가루 보다 펀칭하는 횟수가 적다. 발효시간을 줄이기 위해 처음의 펀칭점은 전체 발효시간의 2/3 또는 3/4지점으로 하고 2차 펀칭은 생략한다. 이과정은 어린반죽과 저장기간이 오래 된 밀가루에 적합하다.

지친 반죽은 첫 펀칭시간이 전체 발효시간에 대해 낮은 비율을 갖게 하고 주기적인 펀칭을 한다. 이러한 펀칭은 고단백 강력분이나 저급 밀가루에 필요하므로 펀칭이 부족하면 탄력이 없는 반죽이 되기 쉽다.

7. 새로운 개발

발효에서 새로운 개발 중의 하나는 인스턴트 이스트이다. 저장성이 길고 균일하기 때문에 점차 중요한 위치를 차지하고 생이스트의 공급이 어려운 곳에서 중요성이 강조된다. 반죽에 혼합되었을 때 드라이 이스트처럼 전처리 과정이 필요 없이 바로 활성을 나타낸다.

스펀지법에서의 새로운 실험은 스펀지에 소금을 사용하는 것이다. 캐나다의 위니팩에 위치한 곡물연구소에서 수행된 실험에 의하면 스펀지에 0.5~1%의 소금을 사용한 것이 0~0.15%의 소금을 사용했을 때보다 더 좋은 빵이 되었다. 이 실험은 4.5시간 스펀지에서 실시했으며 1%의 소금을 사용했을 때 스펀지 발효시간을 짧게 해도 제품의 품질은 양호하였다. 이 실험은 단백질 함량이 12.7%, 회분 0.39%인 HRS 밀가루를 사용하였다.

미국 제빵 연구소 (A.I.B)에서 행한 한 연구과제는 산화제로서의 아스코르브산의 가치가 낮게 평가되었다는 것이다. 일부 제법에서는 아스코르브산은 각각 따로 사용되었을 때 브롬산칼륨 보다 좋았다. 그러나 브롬산칼륨과 아스코르브산의 혼합물은 각각 한 가지만 사용했을 때 보다 더 좋은 제품이 되었다.

속성법과 노타임법은 세계 도처에 널리 퍼져 있는데 미국의 주요 베이커리에서는 자주 사용하지 않는다.

발효기술의 변화가 미래에 어떻게 변화할 것인가는 커다란 연구과제가 되어 있다. 또 다른 문제는 극초단파를 이용하는 빵 제법에 필요한 배합비율의 변화이다. 이러한 문제들은 발효라는 과정을 통해 좋은 빵을 만드는데 필수적인 생물학적 과정을 어떻게 적응시켜 나갈 것인가 하는 끊임없는 연구를 요구한다.

8. 발효 손실 (Fermentation losses)

발효 손실의 측정은 믹싱 후 반죽무게를 측정하여 발효가 완료된 후의 반죽무게를 달아서 비교 측정하는 것이 일반적이다. 발효가 끝난 후의 반죽 무게는 적게는 0.5%에서 많게는 3~4%가 감소된다. 일반적으로 정상적인 조건 아래서의 무게손실은 약 1%이다.

발효하는 동안의 무게 손실은 대부분 반죽의 수분 증발이고 발효실의 상대습도에 따라 손실이 차이가 나기도 한다.

발효 손실을 고형분 손실로 계산하면 정상적인 조건의 스펀지법에서는 반죽에서 최종제품까지의 고형분 손실은 5.6~6.1%였고 스트레이트법에서는 단지 3.2%였다. 고형분 손실에 영향을 주는 요소는 반죽의 온도로 반죽온도가 높으면 손실이 많고 낮으면 손실이 적다.

발효시간이 길면 그에 따른 손실도 많게 되며 발효실의 온도가 높으면 손실이 크고 습도가 낮으면 수분증발이 많아 역시 손실이 크게 된다. 이외에도 손실에 영향을 주는 요소로는 이스트의 양, 스펀지의 밀가루 사용 %, 스펀지 온도, 밀가루에 있는 맥아의 양 등이 있다.

＊ 손실 계산의 예

발효 손실 2%, 굽기 및 냉각손실 12%, 전체 배합율이 181.8% 라고 하고, 무게가 190g인 빵 완제품 1000개를 만들려고 한다면 이때 필요한 반죽과 밀가루의 무게는 다음과 같이 계산한다.

제품의 무게 : 190g x 1,000 = 190,000g = 190kg

재료의 무게 : 190kg ÷ 0.88 ÷ 0.98 = 약 220.3kg

밀가루의 무게 : 전체 배합율이 181.8% 이므로 220.3÷1.818 = 약121.18kg

즉, 약 122kg이 된다.

9. 자연발효

가. 사워 (Sour)종

빵을 부풀리는 이스트가 발견되기 전에는 밀가루 반죽에 공기 중이나 밀가루 등에 섞여 있던 미생물에 의해 거품이 발생하게 되는 것을 발견하였다.

반죽을 따뜻한 곳에 놓아두면 초산균, 유산균, 낙산균 같은 높은 온도를 좋아하는 산 생성 미생물이 더욱 잘 번식하게 되었다. 신맛을 내는 미생물 중에 대표적인 것은 유산균과 초산균으로 유산은 상쾌한 신맛을 갖는 반면, 초산은 톡쏘는 듯한 자극적인 신맛을 낸다.

사워종은 사과, 포도, 호프 등 사용하는 재료와 종을 원종에서부터 차례로 계대 배양을 하거나 온도나 습도와 같은 생육환경에 따라 발육되는 젖산균이나 초산균, 야생효모 등의 종류에 따라 달라진다.

천연효모의 가장 큰 장점인 독특한 풍미는 유산균과 초산균의 비율에 따라 달라진다. 산을 생성하는 균 중에서 유산균이 75% 일때 초산균이 25% 의 비율이 가장 바람직하다. 수많은 미생물 중에서도 천연효모가 바람직한 풍미를 갖게 된 것은 오랜 시간 동안 시행착오를 거듭하면서 빵 반죽에 알맞은 독특한 사와종이 만들어졌기 때문이다.

북유럽의 호프종, 러시아의 솔잎종, 유럽의 호밀종, 우리나라의 누룩, 일본의 주종 등은 지금도 생산되고 있는 각국의 대표적인 천연효모라 하겠다. 그중 북이탈리아의 파네토네 종과 미국의 샌프란시스코 종은 빵에 사용하는 대표적인 사워종이다.

채식을 하는 동양과는 달리 육식 위주의 서양에서는 기름기가 많은 식품에 어울리는 거친 호밀의 신맛을 선호한다. 호밀빵을 제조할 때 사용하는 호밀사워의 주성분인 유산균은 독특한 풍미를 제공하고 빵의 보존성을 높여 노화를 느리게 하고 소화를 잘되게 한다.

나. 사워종의 종류와 효과

사워는 크게 밀가루를 주 원료로 만든 화이트 사워 (White sour)와 호밀가루를 주 원료로 만든 어두운 색의 다크 사워 (Dark sour)로 나눌 수 있다. 화이트사워는 중국의 노면, 영국의 뱁, 호프종, 파네토네종, 샌프란시스코 사워종 등 각종 유산발효액이 포함된다.

다크 사워인 라이 사워는 호밀가루를 사용한 호밀빵의 제빵 적성이 좋아진다. 호밀가루에는 밀가루와 달리 글루테닌이 거의 없고 펜토산 (Pentosan)의 함량이 높아 끈적이므로 빵의 기공을 치밀하게 한다. 사워종은 반죽의 pH를 낮추고 단백질의 변성을 유도하여 빵의 가스 보유력과 오븐에서의 열전도를 높여 호밀빵의 부피를 커지게 한다.

라이 사워는 지역에 따라 다양한 제조 방법이 있으나 여기에 함유된 유산균은 젖산만 생성하는 호모형 발효와 젖산과 초산을 생성하는 헤테로형 발효의 락토바실루스 (Lactobacillus)로 되어있다. 이러한 젖산균의 비율이 라이 사워 제법과 호밀빵의 제법에 따라 달라져 각 지역마다 독특한 풍미의 호밀빵이 만들어진다.

사워종을 사용함으로 믹싱시간이 감소되며 제품의 노화억제와 저장성도 증가되고 풍미가 개량되는 장점이 있다. 사워종은 이스트에 비해 발효능력이 약하므로 오랜 시간 발효를 해야하며 제조에 많은 시간과 노력이 필요한 단점이 있으나 근래에 와서는 천연효모 제조기계의 개발로 작업이 한결 간편해졌다.

다. 사워종의 제법

(1) 라이 사워

호밀가루와 물로만 사워종을 만든 것을 원종이라 하며 이것으로 만든 종자를 초종이라 한다. 초종은 pH가 3.9 전후가 된다. 초종을 사워종에 넣어 사용하여 계대배양을 하므로 미생물은 활력이 좋아진다.

사워종은 8~12℃로 보존하면 며칠간은 사용이 가능하다. 초종에 이르기까지 온도를 26℃로 유지해야 한다. 온도가 높거나 낮아지면 생성되는 유기산의 조성이 달라지므로 일정한 풍미가 형성되지 않는다.

호밀 사워의 제조

분 류	배합(%)	조 건
1 번 종	호밀가루 100 물 100	pH 6.3 온도 26 ℃ 24시간 (이하 같은 조건)
2 번 종	1 번 종 10 호밀가루 100 물 100	pH 4.7
3 번 종	2 번 종 10 호밀가루 100 물 100	pH 4.2
4 번 종	3 번 종 100 호밀가루 100 물 100	pH 4.1
초 종	4 번 종 100 호밀가루 100 물 100	pH 3.9가 된 종은 8~12℃로 5일간 보존 가능함

(2) 샌프란시스코 사워

샌프란시스코 샤워종을 사용하여 만든 프랑스빵은 샌프란시스코 지역에서 100년 이상의 역사를 지니고 있다. 이것으로 만든 빵은 pH가 3.9 정도로 마요네즈와 비슷한 신맛을 지닌다.

감자의 껍질을 벗기고 부드럽게 쪄서 여기에 고단백분을 가하여 크림 형태로 만든다. 이를 숙성한 후에 밀가루를 섞어 단단한 반죽으로 만들어 부피가 2배가 될 때까지 놓아둔다.

밀가루 100%, 물 56%, 소금 2%의 비율로 섞은 반죽에 15%를 넣고 약 5시간동안 발효시킨 후 이를 하루 4회씩 일주일간 반복한다. 스타터를 장시간 보존하려면 냉동을 하고 단시간의 경우에는 14~15℃로 보관한다. 샌프란시스코 사워를 사용해서 만든 빵은 껍질색이 황금색으로 착색되며 껍질이 얇고 바삭거리며 껍질에 수포형태의 특징이 나타난다.

(3) 파네토네 종

파네토네 종은 효모의 주체가 사카로미세스 엑시구스 (Sacchromyces exigus)로 일반 빵효모인 삭카로미세스 세레비시에와는 다르고 샌프란시스코 사워에서도 종종 발견되기도 한다.

파네토네란 파네는 빵을 의미하고 토네는 '달다' 라는 말로 빵에서 나온 과자란 뜻처럼 반죽이 발효하는 도중에 많은 당이 전화되고 알코올의 함량도 증가한다. 굽기 후에 제품은 보수성이 좋아 장기보존이 가능하고 탄내 비슷한 향이 있어 방부의 효과도 있다.

파네토네 종에 사용하는 밀가루는 이탈리아에서 생산된 밀가루 중에서 단백질 함량이 10.3~10.8%, 회분이 0.43~0.47%의 것을 사용하고 밀가루의 흡수는 56~58%로 한다. 파네토네는 원래 크리스마스 때 먹는 빵이었는데 지금은 아침식사나 후식으로 먹는다. 반죽을 종이 틀에 넣어 발효시켜 굽는다. 반죽에는 건포도, 아몬드, 레몬필, 체리, 호두 등을 넣는다. 파네토네 종을 이용한 제품에는 파네토네, 빵도르, 콜롬바 (Colomba)와 이탈리아의 고배합의 작은 빵 등이 있다.

(4) 과일종

과일이 숙성하면 단맛이 증가하게 되어 자연히 껍질과 과육이 녹아 액상이 되면서 독특한 향을 내게 된다. 과일 껍질에 부착되어 있는 야생효모에 의해 당분이 분해되고 과일주가 만들어지게 되는데 이러한 술을 제빵에 이용한 것을 과일종이라 한다.

전통적인 유럽빵에는 이처럼 발효에 의해 독특한 과일의 풍미가 만들어진 것을 이용하고 있다. 일반적으로 포도, 사과를 사용한 과일종이 가장 많다. 과일종 제조법은 오래전부터 전통적인 비법이 대를 이어 전수되어 왔으며 일반적으로 잘 익은 과일을 갈아서 소량의 물을 섞어 30℃ 되는 곳에 20 시간 정도 놓아두면 공기 중이나 과일에 부착된 미생물에 의해 작은 기포가 발생한다.

이를 분리하여 밀가루, 감자, 옥수수가루 등의 곡물을 넣고 몇 번의 계대배양을 거쳐 원종을 만든다. 발효로 생성된 산에 의해 pH가 낮아지고 잡균의 번식도 억제되어 원종은 유용한 균인 유산균과 효모균이 주체가 된다. 이러한 원종을 액상이나 페이스트 상태로 만들어 보관하여 사용한다.

제 4 절 성형 (Make-up)

성형공정이란 발효가 완료된 반죽을 적절한 크기로 나누고 일정한 모양으로 만드는 과정이다. 예전에는 이 공정들이 전적으로 수동으로 진행되었으나 최근 대규모 공장에서는 기계에 의해 행해지고 소규모 제조업소에서는 수동으로 진행하고 있다. 따라서 제빵공정 중에 일손을 가장 많이 필요로 하는 부분으로 대규모 공장에서는 좋은 제품을 만들기 위해서는 기계 다루기가 필수적으로 요구된다.

제품제조의 마무리 공정으로 성형공정은 다시 분할, 둥글리기, 중간발효, 정형, 패닝의 다섯 가지 공정으로 분류한다. 이러한 성형공정은 26℃~28℃의 실온에서 70% 정도의 습도가 유지되는 공간에서 작업이 이루어져야 한다.

1. 분할 (Dividing)

성형 공정 중에서 첫 번째 단계로 발효된 반죽을 미리 정한 일정한 무게로 나누는 작업이다. 이 작업은 손으로 분할하는 작업과 분할하는 기계 즉 디바이더에 의한 기계분할로 구분한다. 기계분할은 손 분할에 비해 작업 중 기계에 의한 반죽의 손상이 많다.

분할은 가능한한 짧은 시간에 완료해야 한다. 왜냐하면 기계로 분할하는 경우에는 무게보다 부피에 의해 분할되므로 일정한 무게가 되어야 하기 때문이다. 처음 분할한 것과 마지막으로 분할한 반죽의 무게가 균일하게 하기 위해서는 한 반죽은 20분 이내에 분할해야 한다.

기계적으로 분할하기 위해서는 반죽을 분할기의 호퍼 (Hopper)에 넣으면 압착공간으로 들어가게 된다. 호퍼 아래 있는 수평판 또는 나이프는 반죽을 절단해서 공간을 채우게 된다. 절단된 반죽의 조각은 피스톤에 의해 2~8개의 포켓 속으로 들어가게 되는데 포켓은 원통모양의 공간으로 되어있다. 이 포켓은 반죽의 부피를 조절할 수 있으므로 분할되는 반죽의 크기를 정할 수 있다.

포켓에 반죽이 가득 채워지면 원통은 회전하고 과량의 반죽은 잘라낸다. 포켓의 내용물은 배출 레버에 장치된 피스톤에 의해 라운더로 이동되기 위해 콘베어벨트로 옮겨진다. 기계 분할과는 달리 손 분할은 작업대에서 손으로 반죽을 적절한 크

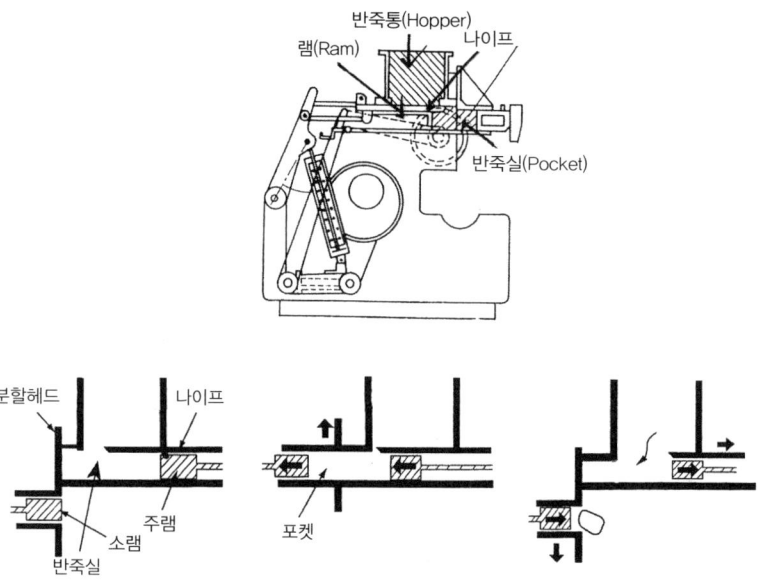

〈피스톤식 분할기〉

반죽통(Hopper)
램(Ram)
나이프
반죽실(Pocket)

분할헤드
나이프
주램
포켓
소램
반죽실

기의 반죽조각으로 자르고 정확한 무게를 확인하기 위해 저울을 사용한다.

반죽은 손 분할 보다 기계 분할에서 훨씬 더 물리적인 손상을 입게 된다. 분할기가 매우 느린 속도로 작동된다면 반죽이 압착되는 동안 포켓 속에서 글루텐이 해를 입게 된다. 이러한 피해를 최소로 하기 위해서는 스펀지법의 반죽이 유연성과 기계적 내성이 좋으므로 바람직하다.

반죽이 이러한 성질을 갖기 위해서는 비교적 강한 밀가루를 사용하고 약간 오버믹싱하거나 흡수력을 최적 상태로 하거나 약간 된 편이 바람직하고 플로어타임은 다소 짧게 할 필요가 있다.

가. 분할속도 (Dividing rates)

대부분의 작업장은 정상적인 생산조건에서 분할기의 분할속도를 분당 17회전에 맞춘다. 포켓이 작은 분할기는 분당 25회전의 분할속도도 가능하다. 가장 바람직한 분할속도는 분당 12회전에서 16회전 정도가 알맞다. 이보다 훨씬 빠른 속도는 압착 싸이클 동안 반죽에 과다한 펀칭이 가해지며 기계의 마모도 증가한다.

반대로 분할기의 속도가 너무 느리게 되면 반죽은 과다한 압착작용에 의해 글루텐의 파괴가 현저해지며 탄력이 부족한 반죽이 된다. 아주 어린 반죽이라 하더라도 분당 18회전 이상의 속도로 분할되어서는 안되며, 반면에 지친반죽의 경우에는 분당 12회전을 초과하지 않는 것이 좋다. 균일한 분할을 위하여 20분 이내로 반죽의 분할시간을 조정하거나 시간의 지체로 분할기에 넣기 전에 가스가 많이 생성된 반죽은 펀칭머신 같은 가스 빼는 장치를 이용한다.

나. 무게조절

분할공정을 지나 마지막 공정인 굽기 중에 굽기 손실이 발생하므로 최종 제품이 정확한 무게가 되도록 분할량에 여분의 무게를 추가한다. 여분의 무게는 공장 조건에 따라 달라질 수 있는데 일반적으로 오븐에서 구워진 빵 1kg에 대하여 94g~125g이다. 따라서 1kg 빵의 분할무게는 1094g~1125g이 된다.

빵의 표기중량과 실제 중량에 관한 법 때문에 반죽분할량이 정확해야 한다. 그러므로 분할기 부근에 저울을 배치하여 분할기에서 나오는 반죽을 종종 점검해야한다. 이렇게 함으로써 부족한 무게를 점검하고 과다한 무게에 의한 손실도 점검한다.

분할이 끝날 무렵에는 가스 발생에 의해 반죽의 비중이 점차로 감소하기 때문에 분할된 반죽의 크기를 주기적으로 상향 조절해서 균일한 무게를 유지하도록 해야 한다.

다. 윤활

분할기를 조작할 때에 윤활은 매우 중요하다. 반죽과 접촉되는 분할기의 각 부분에는 적절한 양의 윤활제가 일정한 속도로 공급된다. 광유는 무색 투명한 액체로 맛과 냄새가 없고 형광성이 거의 없으며, 적은 양으로도 윤활작용이 좋기 때문에 널리 사용된다.

최종제품에 남아있는 잔존 오일의 양은 FDA 규정에 1500ppm으로 제한되어 있는데 정상적인 제조법으로는 거의 문제되지 않는다. 한 보고서에 의하면 상업적으로 제조된 제품에는 적게는 200ppm에서 많게는 1100ppm까지의 광유가 존재하는 것으로 분석되었다. 과다한 윤활은 제품 속에 큰 구멍이 생기는 원인 중의 하나가 된다.

라. 손 분할

대부분의 소규모 제조시설에서 손 분할이 행하여진다. 기계분할에 비해 좋은 점은 반죽을 좀 더 부드럽게 다루기 때문에 기계적인 성형조작에 부적절한 약한 밀가루도 사용할 수 있다는 것이다.

반죽의 처음 분할에서부터 마지막까지 발효가 진행되어 발생하는 문제점을 방지하기 위해서 빠른 시간 내에 분할을 완료해야 한다. 식빵반죽은 저율배합이므로 20분 이내에 완료해야 하며 고율배합의 단과자 반죽은 이보다 어느 정도 시간적 여유를 줄 수 있다.

빵의 손 분할은 스크레이퍼를 사용할 경우에도 가급적 한 번에 잘라서 글루텐의 결합을 손상시키지 않도록 하는 것이 바람직하다. 덧가루는 가능한한 적게 사용해야 제품 속에 줄무늬가 생기는 것을 방지할 수 있다.

2. 둥글리기 (Rounding)

분할기에서 나온 반죽이 이스트가 만들어내는 탄산가스를 보유할 수 있도록 새로운 껍질을 만드는 작업이다. 분할로 인하여 기포의 일부를 잃어버린 반죽은 정형하기에 필요한 유연성이 부족하다. 분할된 반죽은 둥글리기로 인해 가스를 새로 얻게 되므로 정형하기에 적절한 상태가 된다.

둥글리기도 대규모 생산시설에서는 라운더 (Rounder)라는 기계를 이용하여 둥글리기를 하지만 손으로 하는 둥글리기 보다는 반죽의 물리적 손상이 크다. 둥글리기는 발효 정도에 따라 어린 반죽은 단단하게 하여 중간발효를 길게 하고 지친 반죽은 느슨하게 둥글린 후 중간발효를 짧게 한다.

둥글리기의 목적은 분할로 잘려진 글루텐의 방향을 일정하게 하여 공모양이나 타원형으로 만들어 다음 작업을 쉽도록 하는 것이다. 분할로 잘린 면은 점착성이 있으므로 이를 내부로 넣어 표피를 형성하여야 중간발효에서 가스를 보유한다.

기계적 둥글리기에서 라운더에 반죽이 달라붙는 것을 방지하기 위하여 반죽 가수량을 알맞게 하고 덧가루를 최소량으로 사용하며, 반죽에 모노글리세리드와 같은 유화제를 사용하거나 반죽의 발효상태를 알맞게 해야 한다.

발효가 지나쳐도 달라붙지만 특히 발효가 부족한 경우에는 달라붙는 현상이 심하게 된다. 분할기에서 콘베어 벨트를 오래동안 통과시킴으로써 반죽표면에 달라붙는 현상을 줄일 수도 있다.

라운더에는 몇 가지 종류가 있는데 작동의 근본적인 원리는 매우 비슷하다. 분할

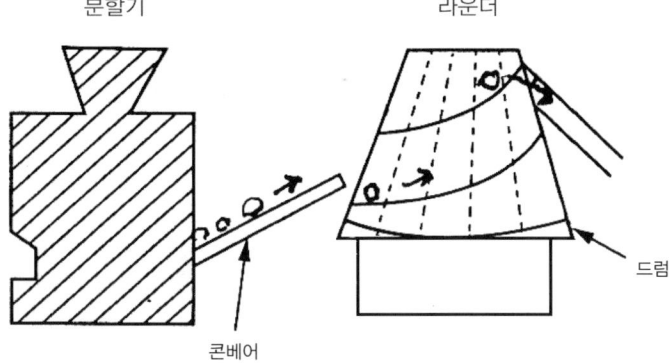

분할기　　　　　　　　　라운더

콘베어　　　　　　　　　　드럼

기에서 운반된 반죽은 라운더의 아랫부분에 들어가서 거기에서 회전드럼 또는 원추형의 표면에 의해서 고정된 나선형의 받침대를 따라 위쪽으로 이동한다.

위쪽으로 움직이면서 반죽은 라운더에서 표피에 둘러싸인 일정한 공 모양으로 연속적으로 말리고 회전한다.

라운딩 조작에서 중요한 요인은 덧가루 사용량이다. 이 단계에서 과량의 덧가루를 사용하면 제품에 줄무늬를 형성하거나 둥글린 반죽의 적절한 봉합을 방해하여 중간발효 과정에서 벌어지게 된다. 따라서 전반적으로 외형이 좋지 않고 품질이 나쁜 제품이 된다.

덧가루는 최소량이 사용되어야 하며, 수분함량이 가능한한 낮아야 하고 재사용하는 것 보다는 새로운 밀가루를 사용하는 것이 바람직하다. 덧가루로 밀가루를 사용하면 밀가루는 쉽게 수분을 흡수하고 벌레가 쉽게 번식하는 단점을 가지고 있다.

반죽에 덧가루를 아주 적게 뿌리면, 반죽에서 수분을 흡수하여 끈적거리고 다량을 뿌려 두꺼운 막이 형성되게 하면 제품품질이 나빠지고 중간발효기에 과량의 밀가루를 축적시켜 해충의 오염문제가 발생한다.

한편 전분은 본래 단백질이 없으므로 해충의 오염이 없고 실온에서는 완전히 녹지 않는다. 그러나 전분의 흐름성은 밀가루와 달라서 본래의 덧가루 상자를 사용할 수 없는 문제점이 있다. 이에 대하여 개발된 방법은 공기 더스팅 시스템으로 분할기에서 나온 반죽은 덧가루의 공간으로 운반되어 전분이 균일하게 코팅된다.

덧가루 수집기는 설비된 세트 안에서 대기보다 약간 낮은 압력을 유지하여 전분을 공간에 일정하게 분산한다. 전분은 밀가루보다 훨씬 적은 양으로 반죽의 표피를 건조시킬 수 있으므로 덧가루의 역효과가 최소화 되며 밀가루를 사용했을 때보다 경제적이다.

소규모 제조시설에서는 둥글리는 작업을 손으로 한다. 이것은 반죽의 끄트머리를 따라 아래쪽으로 힘을 주면서 둥글리는 작용에 의해 행해진다. 여기에서도 덧가루를 가급적 적게 사용하는 것이 최종 제품의 품질을 위해 바람직하다.

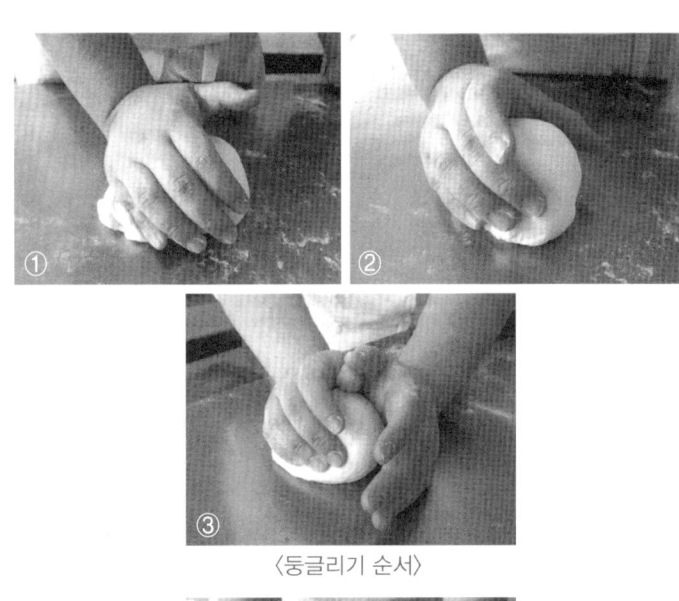

〈둥글리기 순서〉

〈양손 둥글리기〉

3. 중간발효 (Intermediate proof, bench time)

둥글린 반죽을 짧은 기간동안 발효하여 팽창시킴으로써 다음 공정을 쉽게 하는 것을 중간발효라 한다. 분할되어 둥글린 반죽은 많은 양의 가스와 유연성을 잃게 된다. 그러므로 표피가 찢어지거나 세포구조가 파괴되지 않고 밀어 펼 수 있도록 휴지시간을 주어야 한다. 이러한 휴지시간인 중간발효 동안에 반죽은 잃어버린 가스의 일부를 다시 보충하고, 탄력과 유연성을 회복할 수 있다.

중간발효의 목적은 글루텐의 배열을 정돈하고 다음 공정인 정형에서 작업성을 좋게 하고 분할이나 라운딩에 의해 단단하게 된 반죽을 부드럽게 하여 반죽 표면에 얇은 껍질을 만들어 주기 위한 것이다.

중간발효의 시간은 최소 2분에서 20분의 범위로 보통 15~20분간 실시한다. 정확한 지점은 처음 둥글린 반죽의 크기가 1.7~2배 정도 커져서 다음 공정인 가스빼기를 위해 밀어 펴도 반죽이 찢어지지 않고 잘 밀리는 상태이다. 중간발효는 실온이 알맞으면 작업장에 비닐이나 헝겊을 덮어 표피가 마르지 않도록 한다. 실온이 낮은 경우에는 발효기 안에 넣어 27℃의 온도와 75%의 습도로 조절 한다.

대규모 시설에서는 오버헤드 프루퍼(Overhead proofer)를 사용하여 둥글린 반죽이 연속적으로 움직이는 콘베어에 들어가 캔버스 포켓, 컵 또는 트레이로 장치되어있는 캐비넷에서 움직이며 중간발효를 하게 된다. 콘베어 기구의 속도는 중간발효 시간에 따라 조절한다. 캐비넷의 온도와 습도를 조절하는 장치가 필요하며 상대습도 75%가 최적이다. 낮은 습도에서는 반죽에 껍질이 형성되어 빵 속에 단단한 소용돌이와 줄무늬가 생성된다. 또한 이러한 반죽은 정형하는 동안에 부서지는 경향이 있고 정형이 어렵게 된다.

반대로 습도가 지나치게 높으면 반죽 표피에서 수분을 흡수하여 끈적끈적한 반죽이 되어 정형하기 어렵고 과량의 덧가루를 사용해야 되기 때문에 바람직하지 않다.

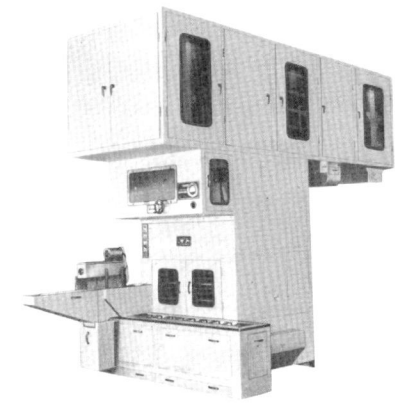

온도조절은 27~29℃가 가장 적합하다. 과다하게 높은 온도에서는 발효 속도가 빠르나 가스 보유력은 감소되며, 낮은 온도에서는 발효 속도가 느려지므로 중간발효 시간이 지나치게 길어진다. 발효중에는 통풍이 되지 않도록 한다. 통풍은 반죽에 껍질을 형성시킬 뿐 아니라 최종제품이 균일하지 않게 되는 중요한 원인 중의 하나가 된다.

〈오버헤드 프루퍼〉

4. 정형 (Moulding)

반죽은 중간발효를 한 후 팬에 넣기 전에 일정한 형태로 정형된다. 이 과정은 세 가지 단계로 되어있는데 첫 단계에서 둥근 반죽은 얇은 타원형으로 밀어 편다. 이는 반죽이 2~3개의 세트로 된 롤을 통과함으로써 반죽은 점차적으로 밀어 펴지면서 가스가 빠지게 된다.

기공이 좋은 제품을 만들기 위해서는 반죽을 상하게 하지 않으면서 몰더 (Moulder)에서 완전하게 가스를 빼어야 한다. 예를 들면 3세트 롤로 되어있는 몰더에서 첫 번째 롤은 약 1/4 인치 간격이 떨어져있고, 두 번째 롤 세트는 간격이 1/8 인치 떨어져 있으며, 최종 롤 세트는 최종제품이 최적의 기공과 조직을 갖도록 1/16 인치의 간격으로 좁혀진다.

쇠로 만든 롤의 표면은 테프론으로 코팅하거나 불소 가공처리로 반죽의 손상과 달라붙는 것을 최소화 한다. 최종 시팅롤의 조절은 반죽의 표면이 찢어지거나 달라붙는 흔적을 나타내기 시작할 때까지 간격을 점차적으로 줄이고, 그 지점에서 반죽의 표피가 계속해서 매끄럽게 나올 때까지 충분히 간격을 증가시킴으로서 적절한 간격이 결정된다.

대형 라인과 소형 라인의 몰더는 롤의 지름, 회전수, 벨트 속도 등이 다르다. 공장이 대형화됨에 따라 롤을 통과하는 반죽 속도도 빨라지게 된다. 대응책으로 롤의 회전수를 올리는 방법과 직경을 크게 하는 방법의 두 가지가 있다. 롤의 주변속도의 공식은 다음과 같다.

* 롤의 주변속도 = 롤의 원주 (롤의 지름 $\times \pi$) $\times$ 회전수

일반적인 속도는 대형 몰더가 매분 50~130m, 소형 몰더는 30~80m 사이이다. 롤의 지름은 주변속도 이외에 롤에서 나오는 반죽의 형태와 두께에 영향을 미치게 된다. 지름이 작은 것은 반죽이 타원형으로 얇게 늘어나고 지름이 큰 롤은 둥글고 두껍게 된다.

헤드 롤 (Head roll)은 물리적인 상태가 최적

〈소형 몰더〉

으로 유지 되어야 하고 표면에 융기나 홈이 없어야 한다. 그렇지 않으면 최종 제품의 기공이 일정하지 않게 된다. 또한 헤드 롤에 부착되어있는 스크레이퍼는 깨끗하게 유지되어야 한다. 스크레이퍼는 롤 표면에서 6미리 이하의 간격으로 세팅된다. 작동중에 반죽 찌꺼기가 굳어지는 것을 막고 스크레이퍼에 반죽이 축적되는 것을 제거하기 위해 헤드 롤의 표면에 적은 양의 기름을 바르는 것이 좋다.

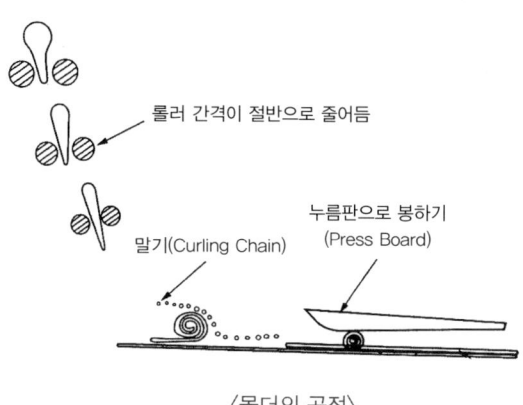

〈몰더의 공정〉

롤에 의해 펼쳐진 반죽은 다음 공정으로 김밥처럼 말리게 된다. 가스빼기로 납작해진 반죽은 메쉬형(Mesh type) 사각 체인 아래를 콘베어벨트에 의해 통과되면서 원통형으로 말리게 된다. 말린 반죽은 바로 압착판 (Press board)을 통

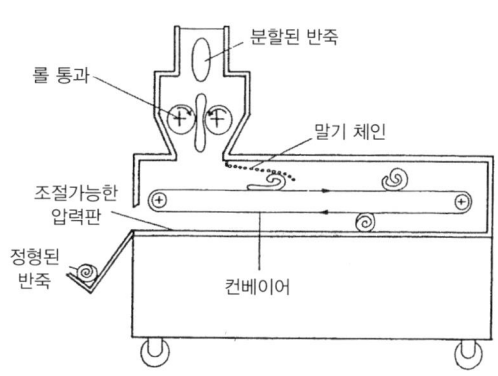

〈소형 롤 몰더의 단면도〉

과 하면서 공기가 들어가지 않도록 단단히 말려 반죽 속의 가스 포켓이 제거되고 단단히 봉해진다. 동시에 압착판의 출구쪽을 아래로 약간 기울여 반죽이 점차적으로 늘려지게 한다.

사용되는 팬의 크기에 따라 반죽의 길이가 정확하게 되도록 하는 몰더 가이드는 압착판이 처음 시작되는 곳에서는 약간 넓게 조절되고 배출구에서는 팬의 길이에 맞도록 조절한다. 이런 작업으로 반죽의 끝부분은 반죽이 배출되기 직전에 봉합되어 느슨한 끝부분과 구멍이 없게 된다.

트위스트로 꼬아진 빵 생산에서는 두개의 정형된 반죽은 팬에 들어가기 전에 함께 꼬아진다. 트위스트 제품은 곱고 균일한 기공과 부드러운 조직을 나타내므로 보편적인 제품이 된다. 꼬는 작업은 손으로 하거나 기계적인 장치를 이용한다. 손으

로 꼬아서 반죽을 팬에 넣을 때 반죽의 끝부분이 팬의 코너에 놓이도록 해야 2차발효에서 반죽이 균일하고 일정하게 팽창하여 팬을 채운다.

최종 제품의 내상과 전반적인 빵의 특성을 개선하기 위하여 리버스 시팅 (Reverse sheeting)이나 크로스 그레인 몰딩 (Cross grain moulding)의 정형방법이 이용된다. 몰더는 스트레이트 몰더와 크로스 그레인 몰더의 두 가지가 있는데 스트레이트 몰더에서 반죽은 시팅 롤을 통과하면서 얇게 늘려지고 그대로 직진하여 메쉬형 철망에서 말려지고 압착판에서 눌려지므로 기공이 길죽한 타원형을 형성한다.

크로스 그레인 몰더에서는 반죽이 시팅 롤을 통과한 다음 그 방향과 직각으로 교차되는 다른 벨트에 옮겨져 메쉬형 철망에서 말려지고 압착판에서 눌려진다. 반죽의 방향을 직각으로 바꾸므로 반죽의 기공은 원형으로 둥글게 되어 제품의 조직도 질기지 않고 바람직한 상태가 된다.

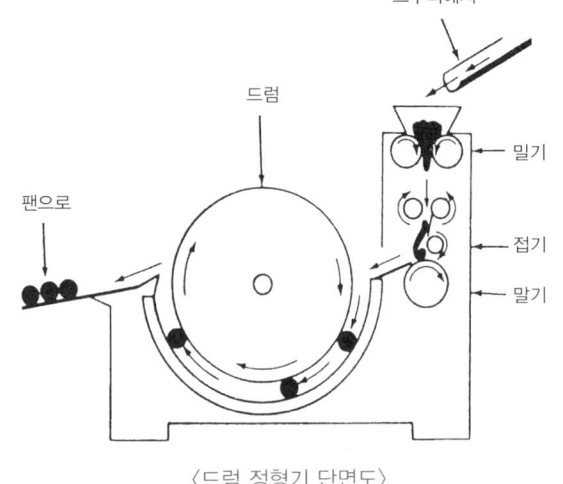

〈드럼 정형기 단면도〉

5. 패 닝(Panning)

정형된 반죽은 팬에 놓여져 다음 공정을 기다리게 된다. 이전에는 이러한 공정도 일일이 손으로 하였으나 현재는 특수한 장치에 의해 기계화가 되어 있다. 정형기에서 나온 반죽은 무게와 상태를 점검해야 하고 반죽의 이음매가 바닥에 놓이도록 패닝 해야 한다. 그러므로 2차발효와 굽기의 공정에서 이음매가 벌어지는 것을 막을 수 있다.

패닝하기 전에 팬은 적절한 온도로 유지되어 있어야 한다. 일반적으로 권장된 팬의 온도는 약 32℃ 이다. 최대로 높은 팬의 온도는 49℃까지로 따뜻한 팬은 2차발효 시간이 약 6분 정도 단축되기도 한다. 반죽을 어떤 팬에 어떻게 넣는가에 따라 제품의 기공 상태가 달라지기도 한다.

스트레이트 패닝은 한 덩어리로 팬에 넣는 방법으로 몰더에서 나온 그대로 팬에 넣는 것을 말한다. 크로스 패닝 이란 U자형, N자형, M자형처럼 교차형 패닝을 뜻하며 풀먼 브레드에 일반적으로 사용된다. 꽈배기처럼 꼬아서 팬에 넣는 트위스트 패닝은 버라이어티 브레드에 많이 사용되는 방법으로 반죽의 발효 상태에 따라 꼬아서 비트는 힘의 세기를 조절한다.

손으로 하는 몰딩과 패닝

〈가스빼기〉　　　　　　　　〈접기〉

〈말기〉　　　　　　　　〈봉하기〉

〈패닝〉　　　　　　　〈패닝후 살짝누르기〉

가. 팬기름 (Pan oil)

과거에는 정제된 라드가 디패닝 오일 (Depanning oil)로 가장 널리 사용 되었으나 오늘날에는 면실, 땅콩, 대두 또는 일반 식용유와 같은 식물성 기름의 혼합물이 사용된다. 오일의 중합은 디패닝 오일에 광유를 첨가함으로써 감소된다. 실제로 사용될 수 있는 광유량은 광유의 발연점이 순수한 식용유에 비해 훨씬 낮으므로 사용량이 제한된다. 또한 과량의 광유를 사용하게 되면 빵의 윗껍질에 흰 줄무늬가 생기게 된다.

팬기름은 발연점이 높아야 빵에 흡수되는 바람직하지 않은 냄새를 줄이고 제품이 팬에서 잘 떨어지게 한다. 또한 팬기름의 혼합물에는 쉽게 산패되는 지방이 없어야 한다. 그렇지 않으면 팬기름은 열에 의한 성분 변화로 악취를 내게 된다. 정상적인 조건 아래서 분할기에서 패닝 조작까지 전체 윤활유의 사용은 반죽무게에 대해 0.1~0.2%가 바람직한 결과를 나타내는 것으로 밝혀졌다.

팬기름의 과다한 사용은 빵 옆면의 아래쪽 색을 진하게 하고 바닥은 튀겨짐으로 두껍게 된다. 또한 옆면은 약해져서 슬라이서에서 자를 때에 주저앉는다.

나. 비용적 (cc/g 또는 cm^3/g)

빵의 품질에 필수적인 요인인 팬의 크기와 그 속에 넣는 반죽량의 관계로, 무게가 차지하는 부피를 숫자로 표시한 것이다. 반죽량에 비해 팬의 크기가 너무 크거나 작을 경우엔 여러 가지 결점이 발생한다.

빵 제법에 따라 비용적의 차이가 있으나 일반적으로 윗면이 둥근 형태의 식빵인 경우에는 비용적이 3.3~3.6 정도가 바람직하고 풀먼형 식빵은 3.6~4.2 범위로 평균 4.0 전후가 된다. 더러는 비용적이 5.5인 제품도 있으나 케이브 인(Cave-in) 현상처럼 구조력을 잃는 현상이 발생하거나 내상이 거칠어지기 쉽다.

비용적을 결정하기 위해서는 우선 팬의 용적을 측정하게 되는데 팬의 칫수를 재어 측정하는 방법과 물을 채워 그 용량을 측정하는 방법, 평지씨앗이나 유채씨앗을 팬에 넣어 그 용적을 실린더로 측정하는 방법 등이 있다. 여기에서는 팬의 칫수로 계산하는 방법을 예로 들어본다.

* 식빵 팬의 가로의 윗면 길이가 30cm이고 아랫면은 29cm, 세로의 윗면 길이가 10cm이고 아랫면이 9cm, 팬의 높이가 10cm인 팬의 비용적이 3.3 이라면 팬에 넣어야할 반죽의 무게를 구하는 식은?

가로 면은 (30+29)÷2 = 29.5, 세로 면은 (10+9)÷2 = 9.5이고 높이는 10cm 이므로 부피는

29.5×9.5×10 = 2802.5cm^3이므로 부피를 비용적 으로 나눈 값이 무게가 된다.

따라서 2802.5÷3.3 ≒ 849g 이 된다.

제5절 2차발효 (Final proof)

반죽은 성형공정 동안에 밀어펴기, 말기, 압착을 거쳐 거친 취급으로 가스가 빠지고 탄력이 없는 상태가 된다. 이러한 반죽을 바로 구워낸다면 빵은 부피가 작고, 기공은 거의 없고, 조직이 거친 단단한 제품이 된다.

부피가 좋은 빵을 만들기 위해서는 다시 부풀려서 부드럽고 신장성이 생기도록 해야 한다. 정형을 마친 반죽을 다시 팽창시킴으로써 글루텐을 부드럽게 하여 오븐에서 열전달이 좋고, 오븐 팽창이 좋은 제품을 만든다.

2차발효의 세 가지 주요 요인은 온도, 습도, 시간이다. 온도와 습도를 조절하여 이스트의 활력을 촉진시키고 완제품의 거의 80%가 되는 지점까지 부피를 증가시킨다.

1. 온도

발효실의 온도는 33~54℃의 넓은 범위를 갖는다. 일반적으로는 38℃를 기준으로 하는데 제품에 따라 온도 차이가 있다. 데니시 페이스트리는 사용하는 충전용 유지의 융점에 따라 융점보다 5℃ 낮은 온도가 요구되기도 하고, 하스브레드 종류는 33℃의 낮은 온도로 장시간 발효하나 찜류나 과자빵, 도넛 같은 제품은 비교적 높은 온도로 발효한다. 다음 표에서 보면 연속식 제법과 스펀지법의 2차발효 온도는 약간의 차이가 있는데 그 이유는 연속식 반죽의 온도는 2차발효에 들어갈 때 39~43℃이고, 보통의 스펀지 반죽은 27~29℃이기 때문이다. 2차발효의 온도는 적어도 반죽의 온도를 같든지 높아야 되므로 연속식 제빵법에서는 41~46℃의 범위에서 2차발효를 하는 반면 스펀지법에서는 약간 낮은 온도로 발효한다.

실제 발효온도는 여러 가지 요인, 즉 밀가루의 종류, 배합율, 산화제, 반죽개량제, 쇼트닝의 종류, 발효정도, 정형방법, 제품의 종류 등에 따라 좌우된다. 만약 2차발효의 온도가 유지의 융점보다 높으면 부피가 작아진다. 또한 온도가 효소와 이스트 활성의 최적온도 보다 높으면 반응속도가 감소하고 부피가 작으며 내부특성이 변한다.

29℃의 반죽을 43℃의 2차발효실에 넣으면 반죽의 내부와 외부의 온도차가 너무 다르므로 발효가 불규칙하게 된다.

2차발효의 조건

	건 구 온 도		습 구 차 이		상대습도
	화씨온도	섭씨온도	°F	℃	%
스펀지(대)	105~115	40.5~46.1	8	4.5	75
스펀지(소)	100~110	37.8~43.3	3~5	1.7~2.8	80~90
연속식	115~120	46.1~48.9	3~5	1.7~2.8	80~90
스트레이트(대)	100~110	37.8~43.3	3~8	2.8~4.5	75~80
스트레이트(소)	100~110	37.8~43.3	3~8	1.7~4.5	75~80
과자빵류	98~110	36.7~43.3	8	4.5	75
데니시(버터. A)	90~95	32.2~35.0	8~13	4.5~7.3	60~75
데니시(버터. B)	95~100	35.0~37.8	8~10	4.5~5.6	60~75
빵도넛(손작업)	100~110	37.8~43.3	5~10	2.8~5.6	70~85
빵도넛(기계작업)	115~130	46.1~54.4	10~20	5.6~11.2	45~70

그 결과 발효는 내부보다 온도가 너무 높은 외부에서 빠른 속도로 진행되어 제품의 외부는 기공이 크나 내부는 조밀하게 되고 전체의 내상은 불규칙하고 오븐에 넣기 전에 반죽의 표피가 찌그러지기도 한다.

한편, 2차발효의 온도가 너무 낮으면 발효시간이 길어지고 풍미도 적고 세포막이 두꺼워 빵 속의 조직이 거칠게 된다. 발효실의 상층부와 하층부 또는 주변공기, 반죽사이에 체류하는 공기가 균일하도록 발효실의 내부공기는 10분 동안에 천정과 바닥의 전체공기가 순환되어야 한다.

2. 상대습도

2차발효에서 상대습도는 두 번째 중요한 관리요인이다. 습도의 범위는 낮게는 70%에서 높게는 90%까지 변화된다. 이보다 낮은 습도에서는 2차발효 도중에 껍질이 마르게 되어 빵의 팽창을 방해하고 굽는 동안 껍질색이 나빠진다. 한편 지나친 습도는 반죽에 수분을 응축하여 껍질이 질기게 되고 수포가 형성된다.

제품에 따라 습도 차이가 커서 찜류와 햄버거번 등의 반죽은 비교적 높은 습도를 필요로 하나 프랑스빵 같은 하스 브레드 종류는 75%의 낮은 습도를 유지한다.

튀김류인 빵도넛은 습도가 높으면 튀길 때 흡유가 증가하는 문제가 발생하므로

60% 정도의 낮은 습도로 발효한다. 습도를 낮게하는 경우에는 낮은 온도가 바람직하다. 하지만 너무 낮은 습도는 표면이 갈라지거나 껍질색에 얼룩이 생기거나 착색이 잘 되지 않는다.

부피, pH, 굽기손실과 2차발효

2차발효 시간	450g 빵의 부피	빵의 pH	굽기 손실
분	ml		g
0	1270	5.49	46
15	1610	5.46	52
30	1980	5.41	61
45	2310	5.40	69
60	2640	5.34	72
75	2780	5.31	73
90	3303	5.26	80
120	3550	5.16	88
150	4090	5.13	89

3. 시 간

2차발효에서 세 번째로 중요한 관리요인은 시간이다. 2차발효 시간이 짧으면 기공은 좋아진다. 식빵의 2차발효 시간은 보통 55~60분 사이인데 최적은 60분이다. 연속식 반죽은 초기에 높은 온도와 강한 물리적 발전 때문에 2차발효 시간은 짧아지고 55분 안에 최적으로 부풀게 된다.

실제로는 고정된 시간보다 팬에 반죽이 부푼 높이로서 2차발효를 하므로 최종시간은 반죽의 상태가 변화함에 따라 달라진다. 2차발효 단계에서 반죽의 작용은 앞선 공정단계를 나타내는 것이라고 할 수 있다. 즉, 반죽이 바람직한 높이까지 도달되는데 시간이 오래 걸린다면 이는 이스트양이 너무 적든지 발효나 중간발효에서 온도와 시간관계가 정상적이지 않은것이다.

또한, 반죽의 윗면이 평평하다면 반죽이 너무 어리거나 과반죽이었거나 진 반죽이거나 2차발효의 습도가 너무 높기 때문이다. 반대로 반죽이 너무 경사지게 볼록 올라오면 이는 지친반죽, 된 반죽, 믹싱 부족이나 2차발효의 습도가 너무 낮기 때문이다. 껍질이 형성된 반죽은 몰더에서 덧가루를 지나치게 사용했거나 2차발효실의 통풍이 지나쳐서 너무 건조한 경우에 해당된다.

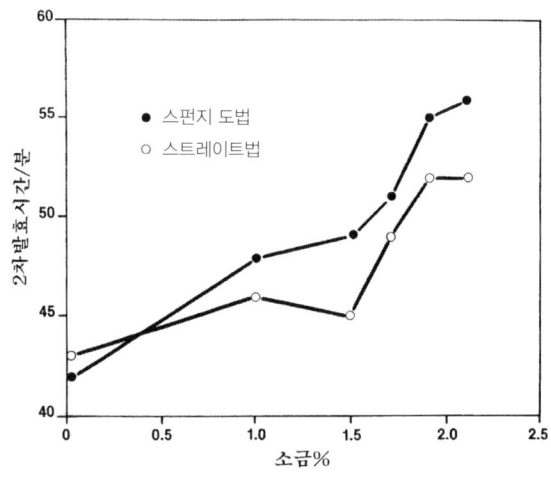

〈빵 제법과 소금 사용 비율, 2차발효〉

정확한 2차발효 시간은 제빵공장에서 실제 실험을 통해 결정된다. 2차발효가 지나친 것은 빵의 껍질색이 여리고, 기공이 거칠고, 조직과 저장성이 나쁘고, 과다한 산의 생성으로 인하여 바람직하지 못한 향을 낼 때에 알 수 있다.

숙성이 덜되고 약한 밀가루는 오븐에서 주저앉기 쉽고 부피가 고르지 못하다. 발효가 덜 된 경우에는 부피가 작고 완제품의 껍질색은 진한 적갈색이고 옆면이 터진다.

낮은 온도의 오븐에서 제품을 구우려면 2차발효를 짧게 하여 오븐에서 2차발효의 효과를 기대하여 구울 수 있다. 반면에 높은 온도의 오븐에 넣을 때는 2차발효 시간을 길게 하는 것이 바람직하다.

오븐 스프링이 좋고 브레이크와 슈레드가 있는 빵을 제조하기 위해 높은 온도의 오븐이 사용된다면 반죽을 완전히 부풀려서 팬 위로 올라오도록 2차발효를 해야 한다. 2차발효의 정확한 높이는 각 공장에서 측정되어야 한다.

균일한 제품을 만들기 위해서는 주어진 시간 보다는 미리 결정된 표준 높이로 2차발효를 시키는 것이 바람직하다. 표준 높이로 2차발효를 시키면 발효실이 자동적으로 조절되지 않는 상황에서도 유연하게 대처할 수 있다. 발효실의 온도와 습도

2차발효 시간에 따른 빵의 변화

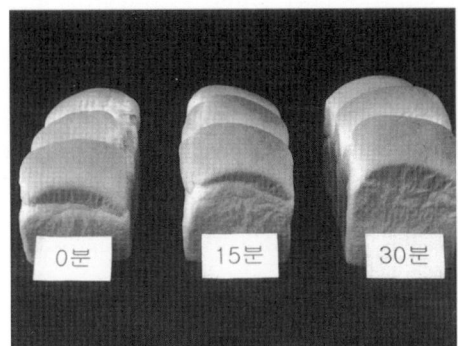

2차발효 시간별 부피 차이(0 ~ 30분)

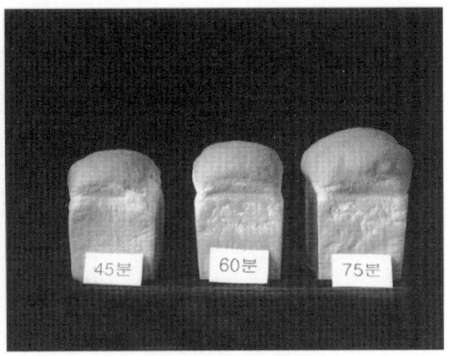

2차발효 시간별 부피 차이
(45~75분)

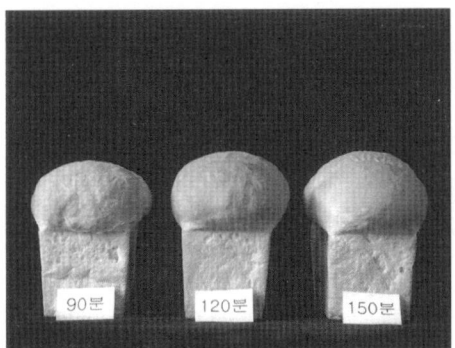

2차발효 시간별 부피 차이
(90~150분)

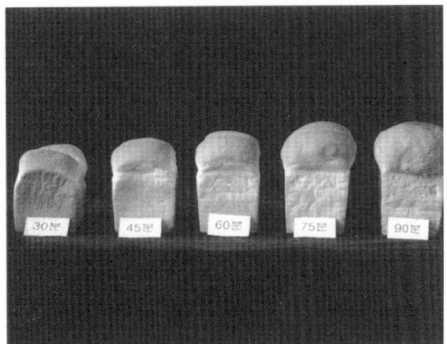

2차발효 시간별 부피

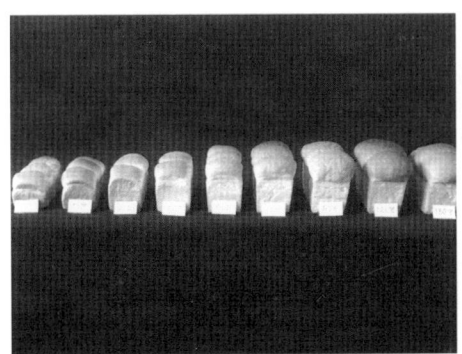

2차발효 시간차이로 본 제품의 크기
(좌로부터 0, 15, 30, 45, 60, 75, 90, 120, 150분)

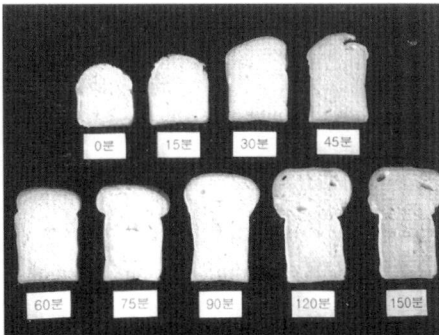

2차발효 시간의 변화에 따른 빵의 내상

를 항상 일정하게 유지하거나 발효실의 조건을 같게 하는 것은 매우 어렵다.

실험에서 2차발효 시간을 0분에서 150분까지 변화하였고 발효온도는 40도였다. 빵의 부피에 따라 조직과 기공이 변하며 2차발효 시간이 길어질수록 부피의 차이가 컸다.

0분, 15분동안 2차발효된 제품은 기공이 조밀하고 무겁고, 30분간 2차발효된 제품은 기공이 많이 개선되었으나 아직도 무거운 편이다. 45분, 60분간 발효된 것은 조직과 기공이 정상이고 60분 제품은 더 부드러웠다. 75분, 90분의 빵은 조금 더 기공이 열리고 그 이상 발효된 빵은 세포가 크고 기공이 열리고 저장성이 나빴다.

2차발효 시간이 길어짐에 따라 pH가 5.49에서 5.13으로 점진적으로 감소되었다. 굽기 손실은 발효시간이 길어짐에 따라 반죽팽창에 맞추어 증가되었다. 2차발효 온도에 대한 영향은 온도를 13℃에서 57℃ 까지 2차발효를 시키면 빵의 부피와 품질은 좁은 범위 안에서 변화한다.

2차발효 온도에 따른 부피는 57℃에서 2100㎖, 40℃에서 2290㎖이다. 최적의 빵 부피가 되는 온도의 범위는 30℃에서 46℃ 이다. 13℃에서 21℃에서 2차발효를 시킨 빵은 정상보다 약간 열린 형태의 세포 구조를 갖는다.

상대습도를 낮게는 35%에서 높게는 90%까지 변화 시키면서 38~40℃의 온도에서 습도의 영향에 대하여 시험한 결과는 표에 나타나 있다. 습도의 변화는 부피, 조직, 또는 기공에 중대한 영향을 미치지 않는다. 그러나 껍질의 외형과 색깔에는 큰 차이가 난다. 낮은 습도에서 2차발효를 시킨 반죽은 가볍고 둔탁하고 점무늬가 많은 껍질이 되는 반면 높은 습도에서 2차발효를 시킨 제품은 색깔이 진하고 균일하며 깨끗한 껍질이 된다. 습도의 변화는 발효시간과 빵의 수율에서도 차이가 생긴다.

〈2차발효 습도, 부피와 수율에 대한 습도의 영향〉

제 품	상 대 습 도	2차발효 시간	2차발효,굽기손실	450g빵의 부피
No.	%	분	g	㎖
1	35	57	74	2030
2	50	52	72	2120
3	60	54	71	2130
4	80	49	64	2150
5	90	46	64	2270

낮은 습도에서 2차발효를 시킨 반죽은 80~90%에서 보다 느리게 발효된다. 빵의 수율이 높은 습도에서 큰이유는 발효동안 증발이 감소하기 때문이다. 습도 실험에서 비교적 좁은 범위인 80~90%에서 가장좋은 결과가 얻어진다.

4. 2차발효의 발효점 측정

2차발효의 완료 시기를 판단하는 것은 제품의 종류, 토핑과 필링, 필링의 수분함량 등에 따라 변한다. 일반적으로 식빵의 경우는 비용적이 알맞을 경우 처음보다 3~4배 부피증가가 이루어졌을 때를 발효점으로 한다.

과자빵류에서는 팬을 살짝 흔들어보아 움직이는 정도로 측정하며 단팥빵처럼 필링이 팽창하지 않는 경우에는 최대로 2차발효를 시켜야 하며 소보로 빵처럼 토핑이 있고 오븐에서 내부 팽창이 기대되는 경우에는 2차발효에서 부피의 증가가 단팥빵 보다 작아도 된다.

2차발효가 부족한 반죽은 제품의 부피가 작고, 내상은 조밀하고 단단하며, 발효하고 남은 잔당의 함량이 많으므로 껍질색은 진하게 된다. 식빵의 2차발효가 완료된 지점도 반죽의 제법에 따라 차이가 난다.

스펀지법으로 제조된 반죽은 오븐에서의 팽창이 크므로 식빵 팬 위로 1cm 정도 올라온 지점이 발효점이 되나 스트레이트법 반죽에서는 팬 위로 1.5cm 정도 올라왔을 때를 발효점으로 한다. 풀먼식빵의 경우에는 2차발효를 끝냄과 동시에 팬의 뚜껑을 덮어야 하므로 반죽이 팬에 80% 정도로 부풀어 오르면 2차발효를 완료한다.

5. 발효실의 종류

일반적으로 발효실에는 온도와 습도를 조절하는 장치가 부착되어 있어 습도는 물을 가열하여 습열을 만들며, 건열은 공기를 가열하여 만든다. 발효실에서 가장 유의해야 할 것은 습도의 조절과 발효실 내부의 공기순환이 고르게 이루어져야 한다는 것이다.

더운 공기는 위로 상승하므로 아래쪽의 낮은 온도의 공기가 순환이 될 수 있어야 한다. 최근에는 스팀코일에서 가열된 공기에 온수를 분무하여 습도를 조절하기도 한다.

발효기는 제조 규모에 따라 달라진다. 일반적으로 정형이 된 반죽이 놓여진 팬은 2차발효실로 이동하기 위해 래크에 채워진다. 2차발효실은 여러 개의 래크를 수용할 수 있는 큰 공간으로 일정한 수준의 내부 온도와 습도를 조절할 수 있는 장치가 되어 있다. 2차발효의 조작은 여러 가지 방법에 의해 일부 또는 전부가 자동화 되어있다.

대규모 시설에는 2차발효 동안 자동적으로 래크를 움직일 수 있도록 설치된 모노레일이 널리 사용된다. 이보다 더 발전된 시스템은 래크에 자동적으로 팬이 채워지고 일련의 전동기구에 의해 발효기가 움직이게 되며, 또 다른 시스템은 터널형태의 발효기로 팬은 발효실을 통해 이동하게 되고 배출되는 곳에서 오븐으로 운반되는 콘베이어에 놓여지게 된다.

가. 선반식

소형의 캐비넷 형태로 소형 작업장에서 편하게 사용하기 쉽도록 철판을 한 장씩 넣거나 꺼낼 수 있도록 되어 있으나 열손실이 크고 작업능률이 떨어지는 단점이 있다.

발효기 문을 앞으로 당겨서 여는 것이 일반적이나 이는 실온이 낮은 겨울에는 발효기 내부의 온도와 습도가 급격히 떨어져 열손실이 크므로 미닫이 형태의 문을 사용하기도 한다.

나. 수동 래크식

발효실에 래크를 직접 넣거나 꺼낼 수 있도록 되어있다. 제조 규모가 비교적 큰 작업장에서 사용한다. 래크의 바닥에 이동이 쉽도록 레일을 설치하여 레일식으로 개량된 것은 보다 규모가 큰 작업장에서 사용한다.

다. 모노레일식

레일 대신에 모노레일을 윗부분에 설치하여 거기에 래크를 매달아 이동하므로 조작이 단순하나 발효시간의 차이에 따른 문제가 발생하기도 하며 수동식과 자동식이 있다.

라. 콘베어식

콘베이어 시스템에 의해 이동되며, 기계 조작상의 문제점은 시동과 정지할 때에 가장 많이 발생하므로 콘베어식은 이러한 문제점을 최소화하여 만들어진 것으로 터널형과 스파이럴형이 있다.

제 6 절 굽기 (The baking process)

굽는 과정은 제빵공정에서 최종적인 가치를 결정하는 가장 중요한 단계이다. 따라서 오븐의 굽는 능력으로 다른 모든 설비들의 제품생산 능력 기준으로 삼는다.

굽기에 의해 2차발효 동안에 계속 진행되어온 생물 화학적 활성은 멈추고 미생물과 효소는 불활성화 되며 콜로이드 시스템은 안정화 되고 전분과 글루텐의 성질이 변하게 된다. 동시에 캐러멜화된 당, 덱스트린, 멜라노이딘, 여러 가지 카르보닐 향과 같은 새로운 물질들이 형성되어 바람직한 껍질색과 풍미를 갖게 해준다. 빵 풍미의 약 70%가 굽기에서 이루어진다고 한다.

반죽이 빵으로 변형될 때에는 공급된 열의 양, 오븐의 습도, 굽는시간 같은 모든 반응들이 적절한 순서로 제공된 조건에서 발생한다. 굽기 동안 반죽에서 일어나는 많은 화학적, 물리적 반응들은 아직 충분히 알려져 있지 않고 있으나 최근 굽는 반응에 대한 연구가 꾸준히 이어져왔다.

1. 굽는 조건

기계화된 빵공장에서 2차발효를 시킨 반죽은 온도와 습도가 변화하는 몇 구간의 터널오븐 구역을 통과한다. 터널오븐을 통과 하는데 26분이 걸리는 빵을 4개의 구역으로 나누어 보면 첫 번째 구역은 전체 굽는 시간의 1/4인 6.5분이 소요된다.

이 구역에서 빵 속 온도는 약 60℃ 까지 상승하며, 내부온도는 분당 평균 4.7℃ 의 온도상승이 이루어진다. 반죽 내부의 용액중의 탄산가스가 방출되어 빵의 부피가 증가되며 이스트가 열에 의해 불활성화 된다. 이 구역에서 오븐 안에 유지되는 평균 온도는 204℃ 이다.

두 번째와 세 번째의 구역에서 평균온도는 238℃이고 반죽은 증발과 더불어 굳어지며 이 두개의 구역은 전체시간의 절반인 13분을 차지한다. 이러한 두개의 구역에서는 빵 속 온도의 상승은 분당 5.5℃이고 약 98~99℃까지 도달된다. 여기에서 단백질의 열변성과 전분에 의해 빵의 구조가 형성된다.

마지막 1/4 지점으로 6.5분 동안 지속되는 최종구역에서는 221~238℃로 유지되는데 껍질색이 바람직하게 변함에 따라 빵의 옆면이 단단하게 되고 최종적인 껍질색이 된다. 무게에 따른 변화는 450g 빵의 굽는 시간은 평균 18~20분, 560g빵은 19~21분, 670g빵은 20~22분이다. 굽는 시간과 함께 221℃~243℃의 높은 온도가 필요하다.

터널오븐   터널오븐 입구

일반적으로 풀먼 식빵을 구울 때는 굽기 초기에는 고온을 사용하고 후반에는 약간 낮은 온도로 굽는 것이 일반적이다. 터널오븐이 아닌 선반식 데크 오븐에서는 굽기 초기에는 아래 불을 강하게 하고 후기에는 윗 불과 아래 불을 약하게 하여 굽는 것이 일반적이다.

연속식 제법에서는 굽기 초기에는 199~204℃의 비교적 낮은 온도로 굽고 마지막에는 221~227℃로 점차적으로 온도를 상승 시킨다. 이 제법에서는 구역 내의 온도가 앞선 구역의 온도 아래로 떨어지지 않도록 해야 빵의 옆면이 움푹 들어가는 것을 방지할 수 있다.

2. 굽기 반응

오븐에 반죽을 넣으면 얇고 곧 팽창할 수 있는 표피막이 형성되는 것을 볼 수 있다. 이 초기의 표피 막은 오븐의 온도와 습도에 따라 팽창하게 된다. 굽기 초기의 몇 분 동안에 반죽은 오븐 라이스 (Oven rise)라고 하는 부피의 점진적인 증가를 한다.

가. 오븐 스프링 (Oven spring)
오븐 스프링이란 오븐 열에 의해 반죽 내부의 가스압이 증가 하면서 본래 부피의

1/3까지도 커지는 갑작스런 부피 팽창을 말한다. 반죽은 수많은 가스 세포를 함유하고 있으며 이 가스는 열 때문에 압력이 증가하기 시작하고 세포벽의 팽창을 일으키게 된다. 또 다른 물리적인 영향은 탄산가스의 용해도를 감소시키는 것이다.

이스트에 의해 발생된 탄산가스의 상당부분이 반죽에 용액상태로 존재하나 반죽 온도가 40℃까지 상승하면 용액 속에 녹아있던 탄산가스가 방출된다. 이 자유 가스는 또 다른 가스세포를 만들어내는 것이 아니라 현재의 세포에 들어가서 내부압력을 증가 시킨다. 또한 알코올처럼 증발온도가 낮은 액체가 굽는 초기 단계에 기체로 변형된다.

오븐 스프링이 발생하는 다른 요인은 세포안의 가스압과 세포의 직경 사이에는 반비례 관계가 있어 작은 세포는 큰 세포 보다 팽창하기 위해 더 큰 압력을 필요로 한다. 반죽안의 아주 작은 가스세포가 일정한 크기를 초과 할 때 세포 안에 축적된 압력은 세포벽을 밀어내어 세포는 갑자기 팽창 하게 된다. 이 단계에 도달되는 동안에 껍질의 형성이 시작되므로 오븐 스프링의 한 결과로 식빵의 옆면에 브레이크와 슈레드가 생긴다.

굽는 초기 단계에서 열 침투의 물리적인 영향에 의해 생성된 압력이 증가하게 된다. 전분이 팽창하기 시작하는 온도에서는 압력은 현저하게 떨어지고 이것은 오븐 스프링 기간과 일치한다. 일부 압력이 떨어지므로 미세한 가스세포 수가 적어지고 큰 세포로 합쳐지게 된다.

부적절하게 산화된 밀가루로 만들어진 반죽은 압력이 현저히 떨어지고 약한 글루텐 구조를 형성하여 가스세포가 합쳐지므로 빵의 기공이 균일하지 않고 큰 세포를 갖는다.

적절히 산화된 밀가루는 강한 글루텐을 갖고 있다. 이러한 글루텐은 가스 세포가 많이 붕괴되지 않고 상승하는 압력에 잘 견딤으로 타원형의 고운 세포와 부드러운 조직을 갖게 된다. 밀가루의 품질이 좋고 단백질 양이 많은 밀가루는 가스 보유력도 좋으므로 오븐 스프링도 좋다.

열의 물리적 영향 이외에 이스트 활성에 의한 영향도 있다. 탄산가스와 알코올을 생성하는 발효온도가 올라감에 따라 이스트가 사멸하는 60℃ 까지는 발효속도가 증가한다. 또한 상승된 온도에서 알파, 베타 아밀라아제가 현저하게 활성화 되므로 이스트의 발효를 보조한다.

발효시킨 반죽과 발효되지 않은 반죽의 오븐 스프링을 비교하면 발효되지 않은 반죽은 가열하는 동안 전분이 팽창될 때 까지만 팽창되고 그이상의 부피는 증가하지 않는다.

한편, 발효를 시킨 반죽은 용해성 단백질이 변성되는 온도인 79℃ 정도 까지 팽창한다. 이후에는 증발하는 알코올에 의해 가스량이 늘어나도 그 이상의 팽창은 일어나지 않는다. 이처럼 반죽은 발효에 의해 제품의 품질이 좋아지며 발효가 부족하거나 너무 지나치면 오븐 스프링은 약해진다.

반죽 안 세포는 전분의 팽창 후에 가스를 보유해서 발효된 반죽은 기공이 좋고 세포벽이 얇은 빵이 되는 반면에 발효되지 않은 반죽은 거친 기공과 두꺼운 세포벽을 나타낸다.

적절한 산화제를 발효되지 않은 반죽에 가하면 발효에 의해 얻어진 것과 같거나 더 큰 오븐 스프링과 세포 구조를 얻을 수 있다.

오븐의 특성과 굽기 온도에 의해 오븐 스프링도 영향을 받는다. 가스오븐은 전기가열식 오븐 보다 대류열에 의한 영향이 복사열 보다 크므로 오븐 스프링이 좋다.

윗 불이 지나치게 높으면 급격한 껍질형성으로 오븐 스프링이 나쁘게 되며 정상적인 오븐온도 범위에서 아래 불이 강하면 열팽창으로 인한 오븐 스프링이 커진다.

나. 전분의 호화

호화란 전분에 물이 가해지고 열이 가해지면 전분이 팽윤하면서 점성이 증가하고 반투명한 콜로이드 상태로 변하는 현상이다. 초기 굽기 단계에서 글루텐이 부드럽게 변함에 따라 오븐 스프링이 촉진된다. 그러나 이러한 연화과정은 54℃ 정도에서 전분의 팽윤이 시작되면서 빠르게 방해 받는다.

전분이 호화되는 동안 아밀로오스의 일부는 용해되고 주위를 둘러싸고 있는 수용액상의 입자 밖으로 확산되어 그곳에서 갈라진 틈으로 수분이 공급되어 전분이 팽창된다. 이 용해된 부분은 냉각 되었을 때 겔의 상태로 굳어지고 노화현상에 중요한 역할을 한다.

전분의 호화 정도는 주로 수분의 존재에 달려 있지만 전분이 노출되는 온도가 중요한 역할을 한다. 첫 번째 호화는 약 60℃에서 시작되고 두 번째 호화는 74℃ 정도에서 발생하며 마지막 호화는 85~100℃의 세 단계로 호화가 완성된다.

빵의 외부에 있는 전분은 굽는 동안 오랜시간 높은 온도에 노출되어 내부의 전분보다 많이 호화된다.

껍질에 가까운 부분에서는 빠른 수분 증발이 진행되고 전분입자는 변형되어 단단한 구조를 갖는다.

3. 글루텐 응고

호화에 의해 물을 급격하게 흡수하므로 글루텐이 변성되고 글루텐에 결합되어 있던 수분이 호화에 이용된다. 글루텐의 응고는 약 74℃에서 시작하고 굽기가 끝날 때까지 계속된다. 이 과정에서 각각의 가스세포를 둘러싸고 있는 글루텐의 메트릭스는 반고체 막의 구조로 변형된다. 세포가 팽창할 때 유연한 전분입자의 부가적응은 세포벽을 구성하는 단백질 메트릭스 안에서 일어나 입자가 길어지므로 막이 더욱 얇아지나 이 막은 찢어지거나 붕괴되지 않는다. 이처럼 글루텐은 발효공정에서 전분의 입자 사이를 연결하거나 감싸고 있으며, 굽기 과정에서는 오븐 속에서 가스가 열팽창을 하는 동안에 빵의 골격을 받쳐주는 역할을 한다.

4. 효소 활성

굽는 동안 전분에 대한 아밀라아제의 작용은 호화가 시작되면서 함께 진행된다. 온도가 상승함에 따라 아밀라아제의 작용 속도가 가속화 된다. 온도가 높아짐에 따라 효소는 비활성화 되기 시작하고 결국은 불활성화 되어 전분의 분해가 멈추게 된다. 알파 아밀라아제는 주로 손상전분에 작용하나 일반전분도 호화되면 분해한다.

맥아 알파 아밀라아제의 최적온도는 60~70℃이고 80~85℃에서 불활성화 된다. 곰팡이 아밀라아제는 이보다 낮아 최적온도가 약 50℃이고 60℃가 되면 비활성화 되기 시작한다. 알파 아밀라아제는 박테리아, 맥아, 곰팡이의 순서로 내열성이 약하다. 오븐에서 알파 아밀라아제가 불활성화 되는 시간의 범위는 약 4분이며 베타 아밀라아제는 2.5분 이하의 범위에서 57~72℃ 사이에 빠르게 변성된다.

밀가루는 알파 아밀라아제가 거의 없으므로 실제 제조에서는 맥아로 g 전분에 대하여 약 0.28 SKB 단위의 알파 아밀라아제가 첨가된다. 이 수준에서 생성된 덱스트린의 평균적인 중합정도는 포도당 60개이다.

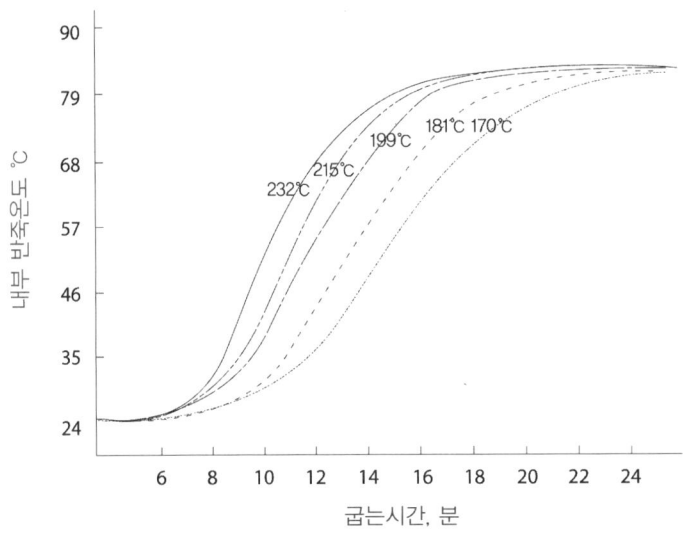

〈여러가지 오븐온도에서 반죽 내부의 온도증가율〉

　밀가루에 들어있는 베타 아밀라아제의 정상수준은 g전분에 대해 약 23 Units에 해당되고 이 정도는 효소를 추가로 보충할 필요가 없을 정도로 충분하다. 이 수준의 베타 아밀라아제는 굽기 단계에서 6.2%의 전분을 전환한다. 두 가지 효소에 의한 전분의 전환은 함께 작용했을 때 개개의 전환을 합친 것 보다 훨씬 크다.

　알파 아밀라아제가 과량인 경우에는 많은 덱스트린을 형성하여 빵 속이 끈적하게 되므로 두 가지 효소가 균형을 이루어야 한다. 전분 전환에 대한 굽는 온도의 영향은 표에서 보는 바와 같이 빵 속 온도가 55℃ 에서 95℃로 되는 시간은 굽는 온도가 246℃에서 낮은 온도인 179℃로 변화 되었을 때 7.4분에서 9.6분으로 증가되었다.

　온도에서 이런 변화는 전분의 전환 정도에 중대하게 영향을 주지 않으며 기공의 크기, 빵의 무게, 기공 상태의 변화를 가져온다. 바람직한 굽기 결과는 오븐온도 196노~229℃ 사이에서 일어진다. 이 범위 보다 높은 온도에서는 너무 빨리 색이 나서 적절히 굽기가 어렵다.

빵 속의 온도 변화에 대한 굽는 온도의 영향

굽 는 온 도		빵 내부온도가 55℃에서 95℃로 되는데 필요시간
℃	°F	분
179	355	9.6
196	385	8.5
213	415	7.2
229	445	7.0
246	475	7.4

4. 세포 구조

최종적인 빵 속 세포구조의 특성과 모양은 굽는 과정 이전에 행해진 여러 가지 조건에 의해 영향을 받게 된다. 발효가 덜 된 또는 어린 반죽은 두꺼운 세포벽과 거친 세포조직, 불규칙하고 큰 기공을 만든다. 발효가 지나친 지친 반죽은 세포막이 얇고 약하며 약간 열린 기공의 침체된 세포조직이 된다.

중간 발효기에서 발효 속도가 너무 빠르면 정형기에서 효과적으로 반죽의 가스를 빼기가 어려워 제품은 불규칙한 세포구조와 큰 구멍을 형성한다.

믹싱이 부족한 반죽은 어린 반죽의 세포 구조가 되고 반면에 지나친 반죽은 큰 구멍이 많이 형성된 것을 제외 하고는 비슷한 세포구조가 된다. 세포는 둥글고 무겁고 약간 열리나 크기는 균일하게 된다.

분할 무게에 대한 팬의 크기는 세포구조에 많은 영향을 미친다. 반죽 분할 무게에 대한 팬의 비용적이 적으면 적을수록 곱고 균일한 세포구조가 된다.

2차발효는 세포구조 형성에 결정적 역할을 한다. 비용적이 크면 팬에 반죽을 적절히 채우기 위해 2차발효가 지나치게 된다.

큰 부피를 얻기 위해 2차발효를 지나치게 하면 둥근 모양의 지친상태의 열린 기공이 된다. 반면에 너무 짧은 2차발효는 어린 상태를 나타내는 기공이 된다.

너무 빨리 굽는 것은 껍질형성이 빨라 초기의 팽창을 막고 세포 구조를 파괴해 세포와 세포가 겹쳐져 불규칙한 빵 속 구조를 만든다. 이상적인 세포구조는 세포벽이 얇으며, 크기가 균일하고, 손가락 끝으로 가볍게 문지르면 매끄럽고 비단 같은 느낌을 가져야 한다.

5. 온도 반응

굽기에서 열전도를 차단한 절연성 방법으로 연구한 결과 껍질이 없는 빵이 만들어 지고, 일정한 열로 가열하였으나 반죽 안에서의 온도상승은 일정치 않았다.

굽기의 초기에서 반죽 내부온도가 49℃에 도달될 때까지의 온도 상승 속도가 늦어졌다. 이 단계에서 반죽 속에 녹아있던 탄산가스가 빠져나와 열의 흡수가 증가된다. 이러한 가스 발생은 내부온도가 54~58℃에 도달될 때까지 일정하게 상승한다.

전분의 1차 호화에 이어 온도상승에 따라 2차 호화가 발생할 때는 다시 온도의 상승속도가 감소된다. 반죽의 글루텐은 74℃ 정도에서 열변성에 의해 응고되고 그후 약 79℃까지 일정하게 상승하나 마지막 99℃로 상승함에 따라 점진적으로 더 많은 열의 흡수가 일어난다. 이 최종 열의 흡수는 주로 알코올과 물의 증발로 반죽 내부가 100℃의 끓는점에 도달되는 것을 막는다.

6. 향의 발생

절연성 가열방법을 사용한 굽기 실험에서 굽는 동안 빵 속의 향은 거의 발생하지 않았다. 향은 주로 빵 껍질 부위에서 형성되어 빵 내부로 침투되고 흡수되어 보유된다. 굽는 단계 동안 껍질의 갈색화는 캐러멜화와 마이야르 반응에 의한 멜라노이딘의 형성에서 발생한다.

캐러멜화는 당이 착색물질로 전환되는 것으로 당류는 초기에 가수분해 되어 단당류 즉 환원당이 된 후에 축합반응으로 착색된다. 어떤 면에서는 마이야르 갈색 반응과 공통점이 있는 반면, 활성온도에 관해서는 차이점이 있다. 캐러멜 반응에서는 가열 온도가 높아야 하지만 마이야르 반응에서는 그렇지 않고 생성되는 향 물질들이 다르다.

멜라노이딘의 형성은 아미노산, 펩티드, 단백질의 유리 아미노기와 환원당이 있느냐에 달려있다. 첫 반응에서 축합되어 N-글리코실 아민을 형성한 다음 아마도리 전위를 일으켜서 1-amino-1-deoxy-2-ketosis를 형성한다. 후자의 화합물은 열의 영향을 받아서 탈수되고 분열되어 방향성 생성물을 형성 하는데 그 성질은 온도, 습도, pH, 존재하는 아민의 종류에 따라 좌우된다.

아미노산인 로이신이 용액에서 포도당과 반응하게 되면 본래 투명한 용액은 갈색이 되고 혼합물은 강한 향을 내게 된다. 다른 종류의 아미노산은 다른 냄새를 가진 멜라노이딘을 형성한다.

마이야르 반응은 대단히 복잡하다. 포도당과 글리신의 반응에 의해 24개의 다른 화합물이 만들어 진다. 환원당과 아미노산은 반죽에 적절한 양이 존재하므로 멜라노이딘 반응이 껍질색과 향 형성에 중요한 역할을 한다.

출발물질에서 얻어진 최종산물

출 발 물 질	마이야르 반응의 최종산물
펜토스 (Pentoses)	푸르프랄 (Furfural)
핵소스 (Hexoses)	하이드록시메틸푸르프랄 (Hydroxymethylfurfural)
알라닌 (Alanine)	아세드알데히드 (Acetaldehyde)
발린 (Valine)	2-Methylpropional
로이신 (Leucine)	3-Methylbutanal
이소로이신 (Isoleucine)	2-Methylbutanal
메티오닌 (Methionine)	Methional
페닐알라닌 (Phenylalanine)	Phenylacetaldehyde
트레오닌 (Threonine)	Methylglyoxal

갈색화 반응에서 얻어지는 향의 중요한 생성물은 당의 분해에서 비롯된 Pyruvic aldehyde, 아미노산에서 생긴 Isoaldehydes 와 펜토산 (Pentosan)에서 생긴 푸르프랄 (Furfural)과 멜라노이딘 이다.

알데히드와 푸르프랄 (Furfural)은 휘발성이라 일부는 날아가버릴 수 있는 반면에 멜라노이딘은 갈색으로 구워진 제품의 향에 약간 쓴맛을 낸다. 향이 강한 알데히드는 빵 속에 농축되고 보유되어 다시 가열했을 때 신선한 향을 낸다. 빵 내부로의 이동은 껍질에서 형성되어 냉각하는 동안 빵의 내부로 들어가는 모든 알데히드와 함께 이동한다.

이스트 발효 부산물의 하나는 그 자체가 냄새가 없는 Acetylmethyl carbinol 이다. 그러나 이것은 공기 중의 산소에 의해 쉽게 산화되어 버터와 신선한 빵의 좋은 향

인자인 디아세틸 (Diacetyl)이 된다. 빵에 형성된 이 전구물질의 양은 제조 방법에 따라 달라진다. 스트레이트 반죽은 이러한 화합물이 결핍되어 있는 반면에 스펀지와 액체 발효법에서는 적절한 양의 설탕, 산화제가 사용되었을 때 더 많이 생성된다.

7. 오븐 조건

제품의 종류에 따라 굽는 온도와 습도의 조건이 달라져야 한다. 빵을 굽는 온도의 범위는 191~232℃의 범위이다. 습도는 반죽의 수분이 증발하면서 외부에서 주입된 증기와 함께 수분함량이 높아진다.

빵을 굽는 시간은 평균 18~35분이나 굽는 온도의 세기와 제품의 크기에 따라 달라진다. 굽는 온도가 너무 높으면 빵의 부피가 작게 되고 굽기 전의 수분량에 비해 굽고 나서의 증발한 수분 양도 적어지고 껍질은 터지기 쉽고 껍질색은 진하나 일정하게 착색되지 않기도 한다.

굽기 중의 지나친 수분함량에 의해 껍질이 질겨지거나 수포가 생기기도 한다. 수분함량이 높은 오븐에 계란물 칠을 해서 구우면 껍질색이 흐릿해진다. 따라서 빵을 굽는 사람은 오븐에 반죽을 넣었을 때부터 꺼낼 때까지 온도와 시간, 습도의 세 가지 요인에 대한 영향을 염두에 두어야 한다.

일반적으로 식빵은 굽는 초기 단계에서 1~2분간 낮은 압력의 증기를 주입하면서 218~232℃의 온도로 반죽무게 28g당 약 1분의 굽는 시간이 필요하다. 그러므로 510g으로 분할하여 완제품 450g의 빵을 굽는데 약 18분이 필요하다. 더 큰 빵은 굽는 시간이 다소 길어지며 빵 속의 열전도가 일정해지도록 오븐온도를 약간 낮추어 굽는다.

굽기 초기에 스팀을 사용하는 것이 바람직하나 과다한 스팀은 껍질을 질기게 하므로 적절히 조절해야 한다. 450g의 반죽은 굽는 동안 100℃에서 약 2.7 Cu.ft의 증기를 방출한다. 450g당 반죽에 대해 0.9 Cu.ft의 추가 증기가 직화 오븐에서 가스의 연소에 의해 생성된다. 그러므로 팬 브레드를 굽는 동안 증기 주입은 일반적으로 실시하지 않고 더구나 빵의 껍질이 부드러운 특성인 경우에는 사용하지 않는다.

껍질이 단단하고 광택이 나는 제품을 원할 때는 스팀의 압력이 0.25kg/㎠이고 스팀의 온도는 104℃의 스팀을 1~2m/초의 속도로 분사한 증기가 바람직한 결과를 갖는다. 오븐의 과다한 증기 속도는 반죽 표면의 적절한 수분 유지를 어렵게 하므로 피해야 한다.

하스 브레드와 호밀빵, 하드롤은 230℃의 높은 굽기 온도와 비교적 많은 양의 증기가 필요하다. 당 함량이 높은 과자빵 반죽과 4~6%의 분유가 들어 있는 식빵의 반죽은 어느 정도 낮은 온도로 굽는 것이 바람직하다.

일반적으로 저배합 제품은 높은 온도와 짧은 굽기 시간을 필요로 하는 반면에 고배합 제품에서는 낮은 온도와 긴 굽는 시간을 필요로 한다.

반죽의 당류와 분유는 높은 온도에서 갈색화가 빠르므로 이런 재료가 많이 들어간 반죽을 높은 온도로 굽는다면 빵의 내부가 완전히 구워지기 전에 껍질의 착색이 지나치게 된다. 따라서 잔당이 많이 함유된 어린반죽은 약간 낮은 온도로 굽는다.

한편, 저배합의 반죽은 분유와 당이 거의 함유되지 않으므로 껍질색은 높고 강한 열의 영향으로 전분에서 착색된 피로덱스트린 (Pyrodextrins)의 형성에 따라 크게 영향을 받는다. 저배합의 빵과 발효가 지나쳐 잔당 함량이 낮은 반죽이 보통온도에서 구워지면 바람직한 껍질색이 나기 전에 과다하게 구워지게 된다.

일반적으로 사용하는 자연대류식 오븐 열은 주로 복사에 의해 반죽 표면에 전달되어 전도에 의해 내부로 열이 이동하게 된다.

컨백션 오븐처럼 강제 대류식 오븐은 열전도를 빠르게 하여 굽는 시간을 단축한다. 반죽의 내부는 발효에 의해 그물망 조직으로 가스를 함유하고 있어 열의 전도가 어려워 반죽 내부로의 온도 상승은 제품에 따라 차이가 있다.

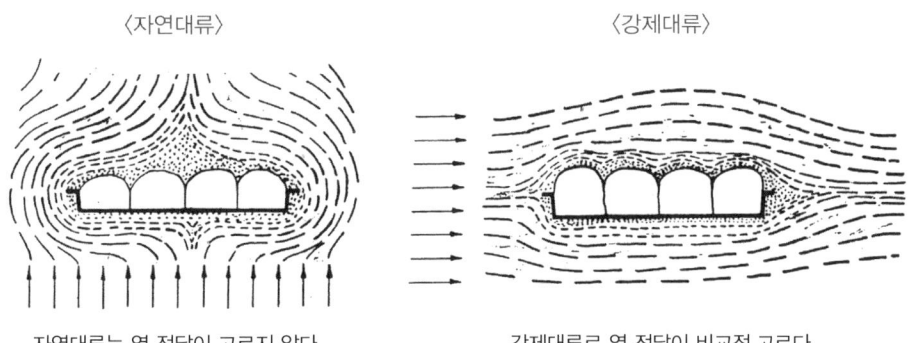

〈자연대류〉　　　　　　　　〈강제대류〉

자연대류는 열 전달이 고르지 않다　　　　강제대류로 열 전달이 비교적 고르다

8. 굽기의 문제점

오븐의 조작과 실제 굽는 과정에서 직면되는 문제는 오븐의 온도와 수분 외에도 오븐내의 부적절한 열 분배와 과다한 섬광열, 부적당한 팬의 간격이다. 이는 반죽량이 지나치거나 잘못된 온도조절 등과 함께 오븐의 성능을 더욱 나쁘게 한다.

오븐온도가 낮으면 제품의 부피가 커지고 기공이 거칠고 두꺼우며 굽기 손실이 많아진다. 과다한 섬광열은 전체 열량의 문제가 아니고 과열된 열이 굽는 초기 단계에 발생하여 껍질을 빠르게 착색시키고 속은 익지 않게 만든다.

오븐온도가 낮은 경우에 증기량이 많으면 질긴 껍질이 되고, 오븐온도가 높고 증기량이 낮으면 껍질이 찢어지기도 한다.

불충분한 증기는 식빵의 윗면이 조개껍질처럼 되는 원인이 되기도 한다. 건조한 2차발효에서도 비슷한 결과가 생긴다.

조개껍질 같은 윗면은 오븐 스프링이 격렬하게 일어날 때 나타나며 속에서 껍질이 분리되기도 한다. 이러한 결점은 어린 반죽과 강한 밀가루로 만들어진 반죽에서 나타나기도 한다. 2차발효의 습도를 높이거나 굽기 초기의 2~5분간 증기를 공급함으로써 이런 현상을 방지한다.

높은 압력의 증기는 정상적인 증기에 비해 빵의 부피, 특히 호밀빵의 부피를 감소시키는 원인이 된다. 오븐의 아랫불인 바닥 열이 불충분하면 열의 분배가 부적절하게 되어 윗껍질은 잘 구워지나 바닥과 옆면은 덜 구워진 빵이 된다.

균일한 색을 내기 위해서는 팬의 간격을 적절히 유지하는 것이 중요하다. 보통 450g 반죽의 팬은 위의 가장자리에서 최소 2cm의 간격을 두어야 되고, 680g 이상일 경우에는 2.5cm 이상의 간격을 두고 구워야한다.

9. 오븐의 종류

가. 데크 오븐 (Deck oven)

소규모 제조 업소에서 가장 일반적으로 사용하는 오븐으로 윗면과 아랫면에 전기 열원이 공급되며 아랫불은 빵 굽는 철판에 열이 직접 닿아 주로 전도에 의해 열이 전달되고, 제품의 윗면은 복사열과 대류에 의해 구워지는 형태이다. 과자빵류와 식빵류를 구우며 스팀이 공급되는 장치가 부착된 것은 바게트 같은 하스 브레드를 굽는데 적당하다.

평철판(40cm×60cm×2cm)이 몇 매(2매, 3매, 4매)가 한단에 들어가는가와 겹치는 정도에 따라 2단, 3단, 4단으로 구분한다.

설치시에는 전기 공급, 오븐 열을 배출할 수 있는 설비와 수분공급을 위한 급수장치, 작업동선과 발효실이나 도콘디셔너 등 다른 기계와의 연계성을 고려해야 한다.

나. 컨벡션 오븐 (Convection oven)

오븐 내부에 강제 대류가 일어나도록 팬(Fan)을 회전시켜 오븐 내부의 반죽에 열이 고르게 전달되도록 한 것으로 색이 고르게 나므로 페이스트리나 바게트, 하드롤 같은 제품의 굽기에 주로 사용한다. 소형 점포의 경우 하단에 발효실이 장착된 것을 사용하기도 한다.

다. 래크 오븐 (Rack oven)

발효실에서 바퀴가 달린 래크를 꺼내 통채로 오븐에 넣고 위쪽 고리에 걸어 굽는다. 오븐에서 래크가 회전 하면서 스스로 대류를 발생시켜 굽기 때문에 색이 고루 착색되는 것은 컨벡션 오븐의 원리와 유사하다.

유럽에서 주로 사용하며 래크를 오븐에서 꺼낸 후 그대로 냉각시키므로 철판의 교환 없이 굽기가 가능하고 냉각을 위해 다시 팬을 옮기지 않는 등 노동력을 줄일 수 있어 중간 규모의 공장에서 사용한다.

라 .릴 오븐 (Reel oven)

북미 대륙에서 많이 사용하는 오븐으로 물레방아처럼 앞뒤로 회전하는 트레이에 제품을 올려 굽는 형태로 돌면서 대류에 의해 고르게 빵이 착색된다.

빵을 굽기 위해 넣거나 꺼내는 입구가 한곳이므로 작업이 편하고 바닥 면이 절약되며 오븐속의 공기가 잘 식지 않는 장점이 있으나 오븐 내부의 위 아래에 온도 차이가 발생하기 쉽고 오븐의 크기가 커서 연료 소모가 많은 것이 단점이다.

마. 터널 오븐 (Tunnel oven)

대형공장에서 컨베이어 시스템에 의해 제품을 구울 때 사용하는 오븐으로 굽기 초기 단계의 앞의 부분과 가운데 부분, 마지막 출구 부분의 3단계로 열이 조절된다.

오븐 설치 면적이 많이 필요하고 제품마다 구간별로 열을 조절해야 하며 입구와 출구가 열려있으므로 열손실이 크다. 처음 통과하는 빵이 굽기 도중에 건조해지므로 굽기 전에 평철판에 물을 넣어 통과 시켜야 오븐내의 습도가 조절되어 제품의 색이 고르게 착색된다. 팬의 크기에 제한을 받지 않고 윗불과 아랫불의 온도 조절이 쉽다.

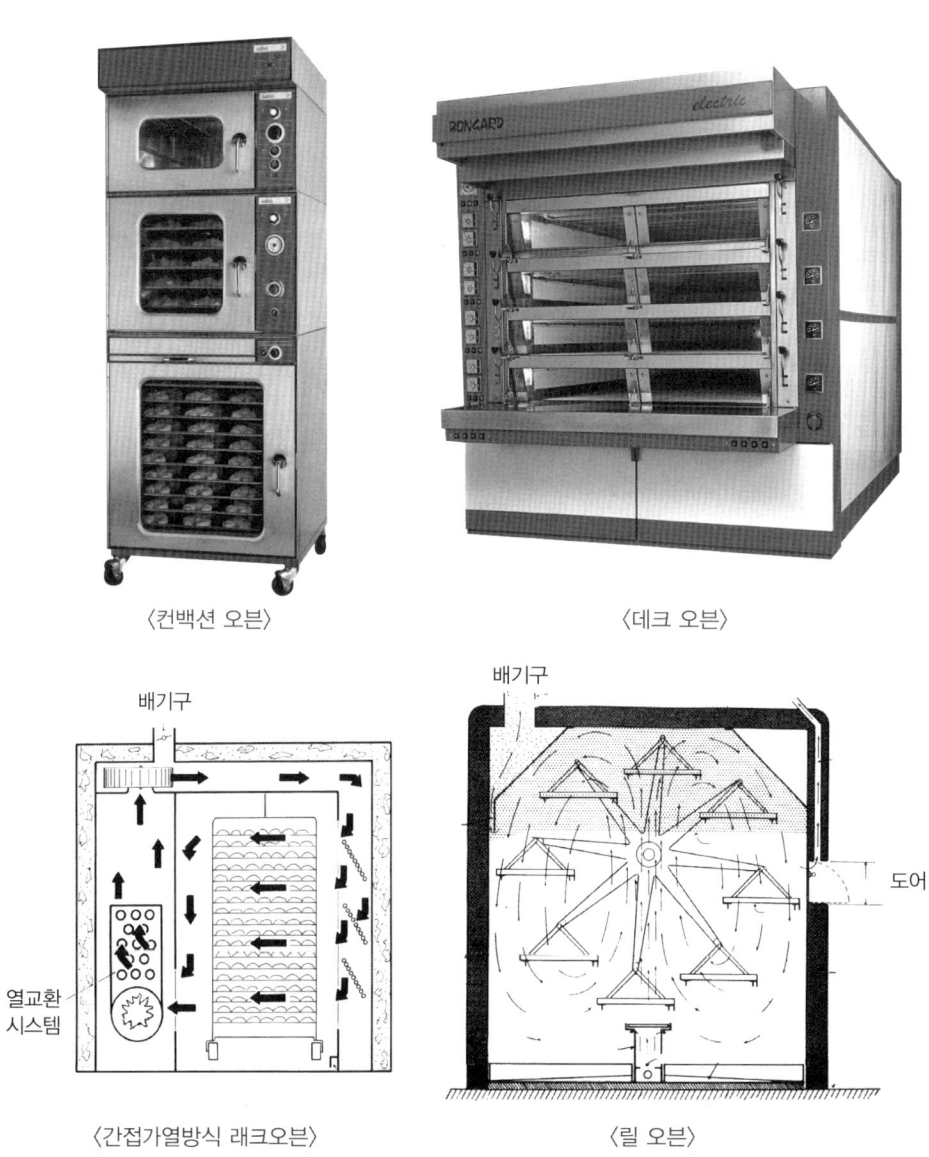

〈컨백션 오븐〉 　　　　　〈데크 오븐〉

〈간접가열방식 래크오븐〉 　　　　　〈릴 오븐〉

제 7 절 빵의 냉각

오븐에서 나온 제품이 적절히 냉각되지 않으면 썰기에 문제점이 발생하여 빵의 형태가 변형되거나 포장 했을 때 수분이 응축되어 곰팡이가 쉽게 발생한다. 빵의 냉각 온도는 내부의 온도가 35~40℃ 정도가 되어야 하며 냉각 시에 과다한 수분손실이 없어야 한다. F.D.A는 냉각된 제품의 수분함량이 38%를 초과하지 않아야 한다고 규정한다. 일반적인 제품에서는 냉각 중에 수분손실이 12% 정도가 된다.

〈냉각타워〉

빵이 오븐에서 나왔을 때 껍질 부분을 제외하고 대체로 균일한 온도를 갖는다. 껍질 부분은 복사열에 의해 온도 감소가 빠르게 진행되나 수분의 재분배에는 오랜 시간이 소요된다. 오븐에서 나온 빵의 중심 부분의 높은 수분은 수분이 낮은 껍질 방향으로 이동하면서 수분의 재분배가 일어난다.

수분이 껍질 방향으로 이동해서 증발에 의해 대기로 이동되는 속도는 여러 구역 내에 존재하는 수증기압의 차이에 따라 좌우된다. 빵 속의 온도가 높으면 수분은 내부에서 외부로의 이동이 빠르다.

껍질이 냉각되기 시작하고 빵과 대기의 수증기압의 차이가 적어지면 증발 속도는 온도의 변화에 영향을 덜 받게 된다. 겨울처럼 낮은 수증기압에서는 증발속도가 가속화되고 여름에는 껍질에서 증발되는 속도가 느려진다. 그러므로 건조한 대기에서는 내부온도를 바람직한 상태까지 내리는데 과도한 수분이 증발하므로 제품은 건조하고 체크 무늬 껍질을 가진 단단한 빵이 되고 저장성도 나쁘다.

반면에 대기 중의 습도가 많은 장마철처럼 높은 증기압은 껍질에서 증발을 막아 눅눅하고 지나치게 부드러운 빵이 된다. 겨울의 찬 공기는 껍질을 너무 빠르게 냉각시켜 내부는 따뜻하고 축축하기 때문에 껍질을 오그라들게 하고 껍질 바로 아래 증기막이 고무 층을 형성하여 빵의 썰기를 어렵게 한다.

냉각을 위해 빵을 래크나 콘베어 위에서 공장의 순환되는 대기에 노출하여 냉각시키는 데에는 몇 가지 방법이 있다.

첫째 방법은 공기 배출 시스템의 고가 터널타입 캐비닛에 둘러쌓인 여러 층의 컨베이어로, 오븐에서 나온 빵은 컨베이어의 세트 꼭대기로 운반되어 몇 단계로 서서히 아래로 내려온다. 냉각기 꼭대기에는 빵에서 나오는 열을 제거하기 위한 배출 팬이 설치되어 있다.

〈팬과 분리〉

신선한 공기는 냉각기의 낮은 부분에서 공급되어 천천히 위쪽으로 움직여서 냉각시키는 빵을 통과한다. 따라서 대류와 가속화된 증발에 의해서 냉각효과를 낸다. 평균 냉각시간은 감소되나 냉각되는 빵의 수분손실을 조절하지 못하는 단점이 있다.

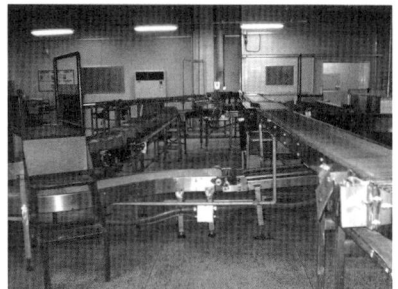

〈팬이동〉

두 번째 시스템은 공기 조절을 이용한 냉각으로 빵은 건구와 습구 온도가 일정한 상태로 유지되면서 냉각된다. 냉각 공기온도는 22~ 25℃, 습도는 85%, 공기의 속도는 약 90m/min으로 배출되는 곳의 공기온도는 8~11℃ 상승하게 된다. 이러한 조건에서 식빵은 내부온도가 32℃로 도달할 때 까지 약 90분이 소요된다.

자연적으로 방치하여 냉각시킬 경우에는 4~5시간이 소요되며 이는 수분 손실과 함께 많은 향이 방출되므로 빵의 냉각에는 냉각온도와 습도, 공기의 흐름 속도가 중요한 요인이 된다. 너무 급격한 냉각은 껍질의 균열과 수분의 과도한 손실을 가져온다.

〈포장기로 이동〉

제 8 절 포장 (Packaging)

포장이라 함은 제품의 유통과정에 있어 상품의 가치와 상태를 보호하기 위하여 적합한 재료나 용기 등으로 장식하는 방법과 상태를 말하며 이를 낱개포장, 속포장, 겉포장으로 나눌 수 있다.

1. 포장용기의 위생성

포장용기로 인하여 제품에 영향을 미칠 수 있는 문제점은 용기·포장으로 쓰이는 재질로 합성수지, 셀로판, 종이, 가공지, 도자기 등의 여러 가지가 있는데 이러한 재질들이 함유하고 있는 유해물질이 제품에 옮겨올 우려가 있으면 안된다.

용기와 포장에 사용되는 여러 재질을 원료로 하여 가공할 때에는 재질의 결점을 보완하고 가공성을 좋게 하기 위하여 가소제, 안정제, 산화방지제 등 여러 가지 첨가제가 쓰이고 유약, 안료 같은 물질은 대부분이 화학물질로 유해한 것도 많아 제품에 녹아 위생의 문제가 된다.

제품의 포장이 다양화됨에 따라 포장 재료의 성질을 고려하지 않으면 세균, 곰팡이의 발생이나 유지의 산화, 제품의 변색 등을 발생시키기도 한다. 특히 합성수지의 제품들은 그 종류가 다양하여 공기나 자외선의 투과율, 내약품성, 내산성, 내열성, 투명도 등이 모두 다르므로 각 제품에 적합한 재료를 사용해야 한다.

가. 합성수지 (Plastic)

플라스틱이라 함은 가소성을 가지는 유기 고분자 화합물을 주성분으로 하는 천연

〈포장기〉

또는 합성물질을 말하는데 고분자 화합물은 모두 이런 가소성을 가지고 있다.

플라스틱에는 열가소성 수지와 열경화성 수지의 두가지가 있으며 열가소성 수지란 가열하면 연화하여 가소성이 있으나 저온에서 단단해지는 수지로 PVC, PE, PP, PS, 폴리에스테르, 나일론 등이 있다.

열경화성 수지란 가열하면 처음에는 가소성을 가지나 곧 경화하여 한번 경화된 후에는 다시 연화되지 않는 수지로서 페놀수지, 요소수지, 멜라민수지, 에폭시수지, 규소수지, 폴리에스테르 등이 여기에 속한다.

(1) 페놀수지

페놀과 포르말린을 축합하여 만든 것으로 베크라이트라고도 부르며 외관, 광택, 촉감 등이 칠기와 비슷하여 장기간 사용할 수 있고 열경화성 수지 중에서 내열성, 내산성이 가장 뛰어나다. 불량한 제품은 원료인 페놀이나 포르말린이 용출될 수 있으며 규격시험에 페놀이나 포르말린을 규제한 것도 여기에 그 원인이 있다.

(2) 요소수지

요소와 포르말린을 축합하여 만든 것이다. 무색으로 착색이 쉽게되며 가정용 음식용기로 많이 쓰인다. 내열성, 내수성이 다른 것에 비해 떨어지고 상온의 물에는 견디나 온도가 높아지면 광택을 잃는다. 장시간 사용하면 표면이 거칠어지고 포르말린이 용출된다.

(3) 멜라민 수지

멜라민과 포르말린을 축합시켜 만든 것이다. 요소 수지보다 내열성이 있어 80~100℃의 고온에서도 포르말린의 용출이 적으며 가정용 용기로 많이 쓰인다. 위와 같은 세 가지 열경화성 수지는 가열시에 각 원료를 축합시키는 것으로 성형 방법에 따라 품질이 균일하게 되지 않는 결점이 있으며, 축합 반응이 충분하게 이루어지지 않은 것에서는 원료물질이 용출된다.

(4) 염화비닐수지

PVC라고 하는 열가소성 수지의 일종으로 투명성이 좋으며 방수성, 내산성도 좋고 통기성이 좋아 보존 식품에 잘 쓰인다. 그러나 투명도가 높기 때문에 자외선이 투과하기 쉬워 유지의 산화, 식품의 변색을 일으키기 쉽다. PVC 자체는 위생상 별로 유해하지 않으나 가소제, 안정제 같은 각종 첨가제가 많이 쓰이고 이들 첨가제는 유해한 것이 많아 제품에 용출되어 위해할 우려가 있다. 첨가제로는 납, 카드뮴,

아연, 바륨을 함유한 화합물, 유기 주석화합물 등이 쓰이고 있다.

(5) 폴리에틸렌

PE라고 하며 에틸렌을 중합하여 만든 것으로 그 제조 방법에 따라 저밀도, 고밀도 폴리에틸렌으로 구별되며 성질도 각각 다르다. 저밀도 폴리에틸렌은 고압법에 의하여 만들며 성형이 쉽고 투명성, 내수성, 방습성이 좋다. 그러나 수증기는 통하지 않으나 공기 등의 기체가 투과하는 성질이 있으며 내열성이 나쁘고 끓는 물에서 연화하기 때문에 살균이 불가능하다.

고밀도 폴리에틸렌은 결정화도를 높인 것으로 표면경도, 연화점이 높고, 내습성도 높아지고 통기성이 낮아져 고온 살균에 견딜 수 있으나 투명성이 낮아 열가공에는 제한을 받는다.

(6) 폴리프로필렌

PP라 하며 프로필렌을 중합한 것으로 프라스틱중에서 가장 가벼우며 폴리에틸렌보다 투명성, 내열성도 뛰어나 100℃ 이상에서 완전 멸균이 가능하다. 내광성, 내한성은 폴리에틸렌보다 떨어지나 방습성은 비슷하고 통기성도 적다. 위생적으로는 폴리에틸렌처럼 그 자체는 거의 무해하나 첨가제가 많이 사용되어 제품에 다소 이행할 가능성이 있다.

(7) 폴리스티렌

PS라하고 스티렌 단량체를 중합시킨 것으로서 스티렌 모노마 및 저중합물이 함유되어 있는 경우가 많다. 중합체는 일반적으로 독성이 없다고 알려져 있다.

내약품성은 좋으나 텔펜계 탄화수소에는 약한 성질이 있으므로 오렌지, 레몬 등 텔펜을 함유하는 제품의 용기로는 부적당하다. 이와 같은 가소성수지는 금속이나 유리 용기에 비해 제품의 장기 보존에는 부적합하고 단기 보존용으로 적합하다.

나. 금속, 유리, 자기류

금속제는 주로 통조림용 관으로 주석을 도금한 철판을 많이 사용하나 식품을 넣고 장기간 저장하면 관으로부터 주석이 용출 될 우려가 있다. 또한 통조림의 접합부분에 납땜을 하여 식품과 접촉하여 식품에 이행 될 우려가 있다. 통조림용 관은 식품의 종류에 따라 내면이 부식되기도 한다.

유리용기는 주로 액체 식품용으로 많이 사용되나 장기간 산성의 액체와 접촉하게 되면 유리중의 알칼리 성분이 용출되고 규산이 유리 표면으로부터 분리되는 수가 있다. 유리의 조성은 나트륨, 칼슘, 규산이 주체이나 바륨, 납, 붕소 등을 함유하는 것도 있다.

도자기나 옹기류는 원료인 고령토를 성형하여 높은 온도에서 구워내는데 이때 유약을 표면에 바른 후 굽는다. 이 유약에는 납이 함유되어 있어 굽는 온도가 낮으면 유약이 완전히 불용성의 유리질화가 되지 않아 산성 식품을 넣으면 납이 쉽게 용출된다. 안료를 사용하는 경우에도 이것 역시 용출될 우려가 있다. 안료에는 납, 아연, 바륨, 크롬 등의 유해한 금속이 함유되어 있다.

다. 셀로판, 은박

포장 재료로서 투명성이 좋고 대전성이 없기 때문에 셀로판 필름의 표면이 깨끗하며 독성도 없어 많이 사용되고 있다. 결점으로서는 균열강도가 약하여 찢어지기 쉽고 내수성이 좋지 않아 수분이 많은 식품에는 적합하지 않다. 이 셀로판에 염화비닐 등의 열가소성 수지를 도포한 것을 방습 셀로판이라 하는데 방습성, 방기성은 좋으나 부서지기 쉬운 결점이 있다.

내수성을 보강하기 위하여 셀로판과 폴리에틸렌을 중첩한 것을 '폴리세로' 라고 하는데 내수, 내유의 양쪽 결점을 보완한 것이나 열 봉합 부분이 약한 결점이 있다.

알루미늄박은 보통 은박지라고 부르는 것으로 알루미늄 단독이나 종이 또는 플라스틱과 중첩하여 쓰이고 있다. 은박용으로 사용되는 알루미늄은 순도가 높은 것을 사용해야 하며 가공시 수백도의 온도로 처리되므로 포장 후 고온살균이 가능하다.

알미늄박은 무미, 무취로서 방습, 방기도 뛰어나 유해물의 오염으로부터 보호할 수 있으며 이취를 흡수하기 쉬운 지방 식품의 포장에 적합하다. 또한 차광성이 뛰어나 자외선에 의한 변질을 예방할 수 있으나 내약품성이 떨어진다. 특히 염소이온은 알루미늄의 부식성이 강하여 소금을 많이 함유한 식품은 주의를 요하며 포장했을 때에 접히는 부분은 균열되기 쉽다.

2. 포장제품의 품질변화

포장된 식품의 품질변화 요인은 첫째로 식품 자체의 변화에 대한 것으로 최초 포장된 내용물의 이상이 없어야 하며 이들 내용물의 색, 맛, 향이 변하거나 독성물질을 함유하지 않아야 한다.

둘째로는 포장재료 선택에 유의하여 강도, 유연성, 접착성, 수축성, 투습성, 가스투과성, 내유성, 내산성, 내열성, 내한성, 투광성 등을 살펴보아야 한다. 셋째로는 포장 환경, 저장조건에 따른 것으로 환경적 요인이 될 수 있다. 미생물, 해충, 습기, 산소, 효소, 온도, 금속이온, 광선, 충격, 마찰 등의 물리화학적인 요인에 의해 변화가 다양화 된다. 이와 같이 용기 포장이 식품위생상 중요한 이유는 식품이나 첨가물의 채취에서부터 제조가공을 거쳐 유통 섭취에 이르기 까지 전 단계에 걸쳐 용기 포장이 직접 식품에 접촉되기 때문이다.

직접 접촉되는 시간이 짧은 경우도 있으나 장기간 접촉되어 있는 경우도 많으며 반복하여 여러 번 접촉하는 경우도 있다. 이렇게 접촉되므로 직접 또는 간접적으로 식품에 여러 가지 영향을 미치게 된다. 기구나 용기 포장이 위생상 불량한 때에는 이에 접촉되는 식품에 나쁜 영향을 미치므로 식품위생법상 기구나 용기 포장에 대하여 여러 가지 규제를 가하고 있다.

〈제품상자 이동〉

제3장 제품평가

제품평가는 제빵 제품을 평가하는 방법으로 크게 두 가지 관점으로 나누어 첫째로 외부에 나타난 여러 가지 특성을 구분하여 측정하여 평가하는 외부평가와 두 번째는 식빵을 잘라 보았을 때 내부에 나타난 여러 가지 특성을 기준에 맞추어 평가한다.

1. 외부의 평가

가. 부피

팬에 굽는 식빵은 팬의 용적에 대한 적정한 반죽의 무게를 계산한 비용적(cm^3/g)에 알맞은가에 따라 제품의 부피를 평가한다. 팬에 비해 부피가 너무 크다, 작다, 알맞다는 기준으로 평가한다. 국가나 지역 또는 스트레이트 반죽법이나 스펀지 반죽법 같은 제빵법에 따라 바람직한 부피에 대한 비용적의 기준은 차이가 있다.

나. 껍질색 및 성질

빵 표면의 색이 너무 진하거나, 착색이 덜되었거나, 색이 균일하지 않거나,

색이 윤기가 없다거나 하는 차이를 평가한다. 배합율의 당 함량이나 오븐에서 굽는 조건의 차이에서 껍질색이 달라진다.

바람직한 껍질색이란 황금빛 갈색이 빵 표면에 고르게 착색되어야 한다. 껍질은 너무 두껍거나 얇아서 벗겨지지 않으며 물집이나 혹처럼 부어오름이 없어야 한다.

다. 외형의 균형

식빵의 한쪽이나 양쪽이 기울지 않고, 가운데가 주저앉지 않으며 대칭 형태를 갖는 제품이어야 한다. 터짐과 찢어짐은 식빵의 옆면에 형성되는 것으로 윗 껍질과 옆면의 벌어진 틈을 터짐이라 하고 찢어짐이란 틈에 나타난 수직적 줄무늬를 말한다.

따라서 윗면과 벽면의 간격인 터짐과 찢어짐은 동시에 발생한다. 적당한 터짐과 찢어짐이 나타나는 것이 바람직하며 터짐과 찢어짐이 형성되지 않았거나 한쪽 면에

만 너무 지나치게 발생하여 제품의 불균형이 발생하는 것은 바람직하지 않다.

라. 굽기의 균일함

식빵은 육면체이므로 윗껍질의 착색 뿐 아니라 바닥 색을 비롯한 나머지 면의 색이 고르게 나야한다. 옆면의 색이 나지 않았다는 것은 팬을 간격 없이 붙여서 구워 오븐에서 대류나 복사열이 팬 사이로 전도되지 않았기 때문이다.

옆면의 색이 나지 않은 제품은 제품의 구조력이 약하므로 냉각 후에는 옆면이 들어가는 현상(Cave-in)이 생기며 덜 구워졌으므로 풍미도 좋지 않은 제품이 된다. 균일하게 구워진 제품은 옆면과 바닥면의 색이 알맞게 고루 착색되어야 한다.

2. 내부의 평가

가. 조직

조직이란 빵을 절단하여 단면을 손가락으로 누르거나 문지를 때의 감각으로, 바람직한 조직이란 부드럽고 매끄러우며 촉촉한 느낌을 주는 것이며, 거칠거나 물컹거리거나 딱딱하고 단단하며 부스러지는 듯한 조직은 바람직하지 못하다.

나. 속 색깔

표백밀가루를 사용하거나 전밀, 호밀 등의 재료에 따라 속 색깔이 다르므로 명확한 정의는 어려우나 바람직한 속 색깔은 재료가 믹싱 중에 고르게 섞이지 않아 발생하는 얼룩무늬나 줄무늬 등이 형성되지 않아야 하며, 발효의 과부족으로 단면의 색이 어두운 것도 바람직하지 않다.

다. 기공

발효에 의해 생성된 탄산가스가 글루텐에 의해 포집되어 만들어진 것으로 성형에 의해 둥글거나 타원형 모양이 형성되기도 한다. 기공이 일정하고 고울수록 빵 속의 색은 밝게 보인다.

껍질 아래로 유성이 흐르듯 형성된 늘어진 기공, 공기나 물이 반죽에 들어가 형성된 큰 구멍, 지나친 발효에 의해 두 세 개의 기공이 합쳐져서 형성된 터진 기공, 벌집모양의 기공 등으로 세분하여 평가한다.

라. 풍미

빵의 종류에 따라 시큼한 것이 바람직한 사워 도 제품도 있으나 일반적인 식빵에서는 시큼하거나, 곰팡이 냄새 같은 퀴퀴한 냄새가 나거나, 기름이 산패된 냄새는 나쁘고 밀내음 이나 맥아향, 견과류의 고소한 풍미는 바람직하다.

마. 맛

빵의 평가에서 가장 중요한 것은 맛으로 소비자가 만족하는 맛있는 제품이란 재료의 배합 비율에서부터 믹싱, 발효, 굽기, 냉각의 모든 공정이 정확히 이루어진 것을 의미한다.

평가항목과 일반적인 점수

부 피 (Volume)	15
껍질색 및 성질 (Color and nature of crust)	5
외형의 균형 (Symmetry of form)	5
굽기의 균일함 (Uniformity of bake)	5
조 직 (Texture)	15
속색깔 (Color of crumb)	10
기 공 (Grain)	10
풍 미 (Aroma)	15
맛 (Taste)	20
합 계	100

식빵의 일반적인 평가는 객관적인 평가가 아닌 개인의 주관적인 평가이므로 차이점이 발생하기도 하며 점수 배정도 약간의 차이가 생기기도 한다.

바게트 같은 프랑스빵의 평가는 식빵평가의 항목과 차이가 있으나 식빵처럼 외부적인 평가에 30점, 내부 평가에 70점을 배정하는 것이 일반적이다. 바게트의 칼집은 자른 면이 바르고 일정하게 벌어져야 하며, 둥근 단면의 높이와 폭이 균형을 가져야하며 내부의 기공이 작은 기공과 큰 기공이 적절히 균형을 이루고 있으며 내상이 탄력성이 있고 입안에서 잘 풀리는 식감을 지닌 것이 좋은 평가점수를 갖는다.

제 4장 빵의 노화

빵제품은 오븐에서 구워져 나오면서 노화가 진행된다. 빵의 저장과 유통, 가정에서 소비되는 동안에도 노화가 진행되어 소비자의 만족을 감소시키고 결국은 폐기처분된다. 소비자는 신선한 빵을 찾게되고 생산과 판매에서 빵의 보존기간 연장을 위해 저장하는 동안 발생하는 변화들과 이를 조절하는 방법에 대하여 광범위한 연구가 진행되어 왔다.

1. 노화된 빵의 변화

노화에 대한 초기연구는 빵의 굳기에 연구를 집중하였고 이는 빵에 일어나는 많은 변화와 함께 복잡한 현상으로 알려져 왔다. 소비자는 맛으로 직접 느끼며 노화와 신선함을 판단 한다.

가. 껍질의 변화

오븐에서 바로 나온 빵의 껍질은 바삭바삭한데 반하여 노화된 빵은 껍질이 부드럽고 질기며 단단하게 변하게 된다. 이는 수분함량이 높은 빵의 내부로부터 수분의 이동이나 대기중의 높은 습도에 의해 빵껍질이 수분을 흡수하여 발생한다.

껍질의 노화는 껍질이 신선할 경우에 맛이 가장 좋은 하드롤과 하스 브레드에서 매우 중요하다. 이 빵들은 전혀 포장하지 않은 상태로 보관하면 빨리 마른다.

미셀   팽윤

콜로이드 형성   겔 형성

비닐 포장을 하게 되면 빵 껍질은 질겨지며 곧 노화하게 된다. 이 문제에 대한 부분적인 해결책은 한쪽 끝을 터놓은 방수백을 사용하는 것이다. 식빵을 방습 비닐에 포장하므로 수분 손실을 막아 빵 속의 노화속도를 줄이기 위해 일부러 빵 껍질을 노화시키는 것이다.

나. 빵 속의 변화

보관을 오래하면 노화가 진행됨에 따라 빵의 내상은 탄력성을 상실하고, 속이 굳어 딱딱하고 단단해지며 건조하여 부스러지기 쉬운 상태가 되며 거칠어지는 변화가 나타난다.

다. 풍미의 변화

제품은 점차 신선한 빵의 향을 잃고 유지의 산패 등으로 이상한 향이 생성된다. 이러한 모든 변화와 여러 반응들은 주관적인 평가에 기여할 다른 물리적 또는 화학적 현상뿐 아니라 일반적으로 빵의 노화로 불리는 현상을 모두 나타내는 것이다.

2. 노화 측정과 기구

노화의 정도를 평가하는 가장 쉬운 방법은 빵의 굳기를 측정하는 것이다.

빵이 오븐에서 나오자마자 부드러움을 알 수 있다면 식어서 굳었을 때와의 차이 정도를 측정하기 어려우므로 미국 곡물화학자협회는 모든 노화와 결합된 효과를 평가하기 위한 유일한 방법으로 풍미시험 심사원단의 평가 일람표를 만들었다. 노화를 인식할 수 있도록 훈련된 심사원단이 선출되어 미국제빵연수원에서 여러 해 동안 노화의 기초 연구와 부드러움의 평가에 이용되어 오고 있다.

빵은 물리적으로 비균질 생산품이다. 빵은 크게 껍질과 속 부분으로 구성되어 있고 바로 구운 신선한 빵의 수분함량은 부위별로 차이가 있다. 일반적인 식빵은 평균 수분함량이 38%이다. 오븐에서 굽고난 후에 껍질 부분의 수분은 약 12%이고 속 부분은 44~45% 이다.

21℃에서 4일이 지난 제품의 껍질부분은 28%로 증가된다. 이처럼 수분이 재분포 되는 것은 노화의 한 원인이 된다. 이러한 변화의 중요성을 평가하기 위하여 빵의 수분을 변화시킨 실험에 의하면 제조되어 하루가 지난 후에 측정한 신선함은 수

분 2%의 차이로 나타난다.

정상의 빵과 빵껍질을 제거한 빵의 비교 실험에 의하면 껍질이 제거된 빵은 노화가 지연된다. 수분의 이동 만이 노화의 주된 요인은 아니고 빵이 굳는 것과 조직이 파괴되는 것은 전분의 퇴화로 생각하고 있으며 다른 성분들의 영향은 크지 않다.

3. 전분의 물리화학적 성질

노화에서 전분의 역할을 올바르게 알기 위해 전분 화학의 특징을 알아야한다.

밀가루는 입자의 형태로 존재하는 70~75%의 전분을 함유한다. 각 입자는 18~25%의 직선상의 포도당 중합체인 아밀로오스와 가지상 포도당 중합체인 아밀로펙틴이 75~82%로 구성되어 있으며 이 두 중합체의 성질은 빵에서 전분의 노화를 이해하는데 중요하다.

각각의 입자는 서로 엇갈려 짜여져 있는 분자의 내부 망상조직에 의해 함께 결합되어 있으며 망상조직은 전분이 찬물에 녹지 않게 하고 효소의 작용에도 영향을 받지 못하게 한다. 물과 함께 일정한 온도 이상으로 가열하므로 입자들은 팽윤하기 시작하고 온도와 시간에 따라 점차로 크기가 증가한다.

호화로 불리는 이러한 변화는 밀가루 전분인 경우에는 52~62℃에서 일어난다. 전분은 반고체 상태로 변형되고 아밀로오스의 일부는 이 과정에서 걸러 나오며 팽윤된 입자들을 둘러싼다.

전분의 이러한 변화는 입자에서 팽윤된 반고체 상태로 굽는 동안에 일어난다. 그러나 빵에서는 전분이 충분히 팽윤하기 위한 물을 가지고 있지 않다. 또한 반죽 속의 많은 물이 글루텐, 단백질, 펜토산, 설탕과 결합되어 있으며 굽는 동안 열에 의해 방출되어 호화과정에서 이용할 수 있게 된다.

4. 아밀로오스와 아밀로펙틴

완전히 구워진 빵에서 전분은 부분적으로 팽윤되어 있으며 일부 용해되어 나온 아밀로오스, 지방, 팬토산과 대부분의 물을 전분으로 전달한 글루텐 단백질에 의해 에워 싸여있다. 팽윤된 입자와 용해되어 나온 아밀로오스의 전분은 무정형이고, 대단히 무질서하고 불안정한 상태에 있다.

　냉각되기 시작하면 전분은 배열된 구조를 형성하면서 복잡한 구조를 갖는다. 이와 같은 주요 변화는 아밀로오스와 아밀로펙틴의 결정화 정도와 속도에 따른다.

　아밀로오스는 직쇄상 구조이므로 매우 쉽게 결정화한다. 사실상 아밀로오스 전분의 대부분은 빵이 냉각된 후에 짧은 시간에 결정상태로 존재한다. 그러므로 신선한 빵이 굳는 것은 주로 아밀로오스 성분 때문이다.

　전분의 다른 성분인 가지상 결합의 아밀로펙틴은 아밀로오스 보다 훨씬 느린 속

그림 1

아밀로오스
직선상 분자
기본단위 : D-포도당
단위 사이 결합 : α-1,4결합
쉽게 결합
쉽게 복합체 형성
분자량 80,000∼320,000
밀 전분 중 함량 : 18∼25%
요오드의 정색반응 : 청색

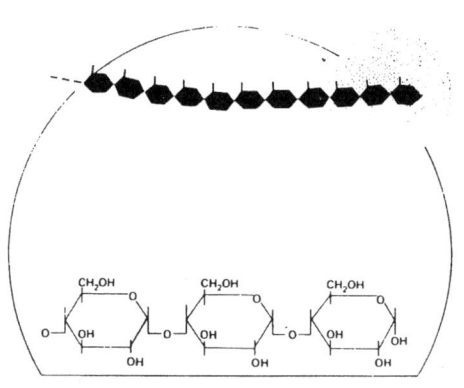

그림 2

아밀로펙틴
가지상 분자
기본단위 : D-포도당
단위 사이 결합 : α-1,4결합,
　　　　　　　가지는 α-1,6결합
느리게 결합
복합체 형성하지 않음
분자량 : 수백만
밀 전분 중 함량 : 75∼82%
요오드의 정색반응 : 적색

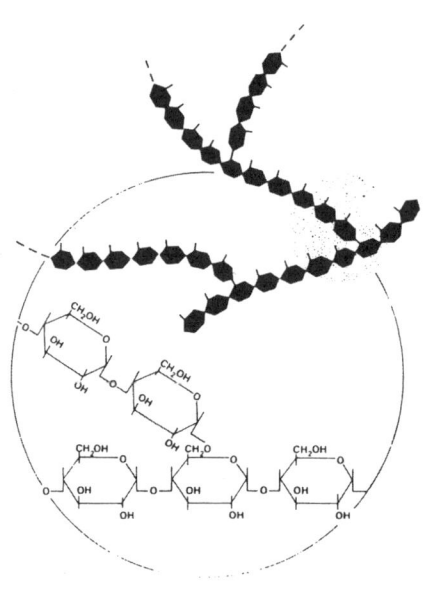

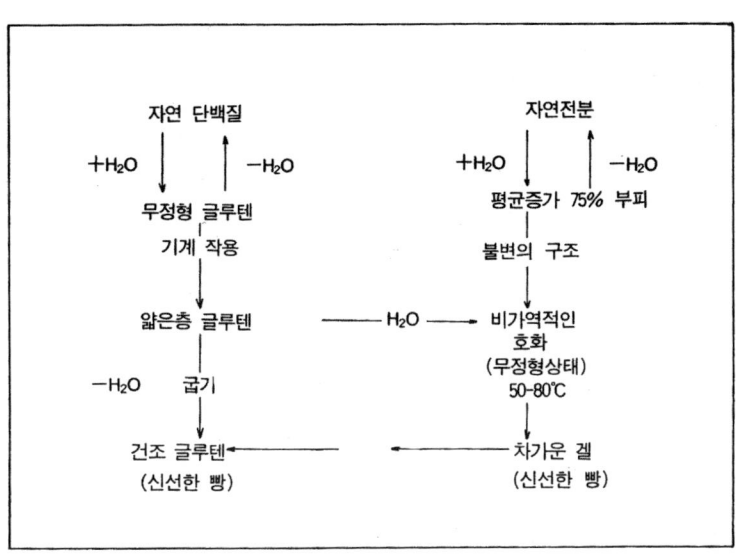

〈굽기와 빵저장하는 동안 물의 이동〉

도로 결정화 한다. 그러므로 빵을 장기간 저장하는데 발생하는 노화는 주로 아밀로펙틴에 의해 영향을 받는다.

빵 껍질과 빵 속의 수분이 평형을 이루기 위한 이동 뿐 아니라 반죽 성분 사이에서도 수분 이동이 일어난다. 이러한 반응도 빵의 노화에 영향을 주는 요소가 된다. 다음은 반죽과 빵의 구조에서 물의 이동경로를 나타낸다.

반죽하는 동안 물은 글루텐, 펜토산, 손상전분을 수화한다. 입자상의 전분은 오븐에서 온도가 올라가면서 호화과정에 물을 흡수한다. 이 단계에서 수화된 글루텐은 전분의 팽윤에 필요한 물을 공급하기 위하여 전분에 물을 내어 놓는다.

냉각 될 때는 물의 이동은 가역적이 된다. 팽윤된 입자들은 점차적으로 물을 빵 속의 글루텐으로 내어 놓는다. 이러한 전분의 탈수는 아밀로펙틴의 결정 변화에 영향을 미치고 있는 것이다. 그러나 일부 과학자는 물이 전분에서 글루텐으로 이동한다고 주장한다.

5. 노화 속도의 영향 요인

빵 속의 굳기와 노화 속도에 영향을 주는 많은 조건들이 있으며, 이것들은 변화를 최소로 하는데 이용될 수 있다.

가. 저장시간

노화는 제품이 오븐에서 나와 냉각되면서 곧바로 시작된다. 노화의 속도는 제품이 신선할 때 가장 빠르며 냉장고 온도인 4℃에서는 하루 만에 실온에서 4일간 발생하는 노화와 비슷한 정도로 노화가 진행된다.

나. 저장온도

노화는 저장온도가 실내온도(21~35℃)에서 1.7℃까지 내려감에 따라 더욱 빠르게 진행된다. 그러나 1.7℃ 이하에서는 온도가 -18℃로 낮아졌을 때 더욱 느리게 된다. -18℃에서는 노화가 진행되지 않고 여러 달 동안 저장이 가능하게 된다. 이는 냉동반죽을 저장하는 데에 유용하게 이용된다. 영하 6.7℃에서 영상 10℃ 사이의 냉장온도에서 노화는 가장 빠르게 진행된다.

다. 높은 온도

저장온도가 실온보다 낮은 온도에서 노화속도는 증가하나 온도를 높이면 노화는 늦게 진행되고 43℃ 이상의 고온에 저장되면 제품에서 나쁜 냄새가 발생하며 특히 갈색화 반응 때문에 더욱 빠르게 발생한다. 그 이상의 온도에서는 노화의 문제 보다는 미생물에 의한 부패의 문제가 발생한다.

노화에 영향을 주는 재료

재 료	껍질의 신선함	빵속의 신선함
밀가루 단백질	+	+
설 탕	+	+
과당류	+	+
덱스트린	+	+
유제품	+	-
대용 유제품	+	∨
소 금	∨	∨
유 지	-	+
높은 물 흡수	-	-
최적 물 흡수	+	+
낮은 물 흡수	-	-

맥아 효소	+	+
곰팡이 아밀라아제	+	+
박테리아 아밀라아제	+	++
유 화 제	+	++

+ 신선함 보존 개선,   v 신선함 보존 영향 없음,   − 신선함 보존 감소

라. 냉 동

온도와 노화속도와의 관계는 냉동반죽에서 매우 중요하며, 구운 제품에서 냉동과 해동단계에 노화변화를 최소한으로 하기 위하여 왜 빠르게 처리 되어야 하는가를 설명한다. 노화가 가장 빠르게 진행되는 −6.7℃에서 10℃ 사이의 온도에 반죽이 냉동과 해동에 노출되는 것을 최소로 하여야 한다.

노화에 영향을 주는 공정

공 정	껍질의 신선함	빵 속의 신선함
믹싱 과다 반죽	−	−
최적 믹싱	+	+
믹싱 부족 반죽	−	−
짧은 발효 시간	−	−
정상 발효	+	+
긴 발효 시간	−	+
느린 굽는 속도	−	−
빠른 굽는 속도	+	+

+ 신선함 보존 개선,   − 신선함 보존 감소

마. 배합율

(1) 물

빵의 수분량은 매우 중요하다. 미국 빵의 규격은 표준 빵 제품의 수분량을 최고 38%로 제한하고 있다. 따라서 껌류와 같은 친수성 콜로이드의 첨가로 이 범위의 수분량 수준을 초과하지 않도록 하여야 한다.

판매되는 각 제품은 표준 수분 함량의 범위에서 가급적 높은 수분 함량을 지니는

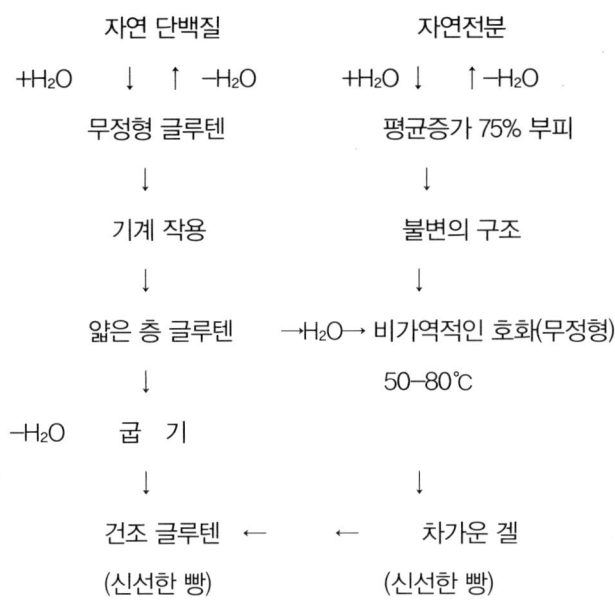

〈굽기와 저장하는 동안의 물의 이동〉

것이 바람직하다. 예를 들면 가장 높은 수분 함량인 38%의 제품은 35~36%의 수분을 함유하는 제품보다 더 신선한 상태로 보존된다.

(2) 밀가루 단백질

일반적으로 단백질 함량이 높은 밀가루로 만들어진 빵은 단백질 함량이 낮은 밀가루로 만들어진 것보다 노화가 느리다. 이는 단백질량이 더 많아서 생기는 직접적인 효과 보다는 전분의 희석효과 때문이다. 탈지분유, 콩가루, 계란의 알부민 등과 같이 단백질을 많이 함유하는 재료들도 노화를 지연 시킨다.

(3) 밀가루 펜토산

고급품질의 밀가루에는 약 3%의 펜토산을 함유하며 그중에 반은 물에 녹고 나머지 빈은 물에 부푼다. 이 화합물은 광범위한 노화 억제 물질로 전분 겔에서는 좋은 효과를 나타내나 빵에서는 중대한 효과를 갖지 않는다. 특히 물에 녹지 않는 부분이 노화를 지연시키는데 효과적이다.

(4) 친수성 콜로이드

여러 가지 껌류가 노화를 늦추는 물질로 실험되었으나 수분이 38%인 빵에선 노화에 대해 거의 효과가 없었다. 손상전분도 이와같은 종류의 재료에 속한다고 하겠다. 과량의 손상전분이나 호화전분은 빵의 부피와 품질에 역효과를 초래하므로 피해야 한다.

〈빵 제법과 부드러움〉

제조 방법	껍질의 신선함	빵 속의 신선함
연속식 제빵법	1	1
스펀지 도법	2	2
액체 발효법	2	2
스트레이트 반죽법	3	3
노타임법	4	4
* 숫자가 적을수록 부드럽다.		

(5) 계면활성제

노화 지연을 위해 사용하는 재료에서 계면활성제는 가장 중요한 재료이다.

계면활성제를 사용하면 빵속의 부드러움이 향상되고 수분의 보유가 촉진되며 제품의 부피가 개선된다.

일반적으로 여러 가지 유화제들이 상승작용이 있으므로 유화제들의 혼합물이 사용된다. 여러 가지 측면에서 반죽상태가 좋아지고 빵의 부피가 증가되며 빵속도 부드러워 진다. 가장 효과적인 유화제는 알파형 결정이다. 왜냐하면 분자들의 극성 그룹이 물에 노출되는 결정 팩을 가지기 때문이다. 그러나 건조분말 베타 결정이 사용되기 전에 적절히 수화되지 않는다면 뚜렷한 노화지연 효과를 나타내지 않는다.

아밀로오스의 복합은 입자의 안쪽 또는 바깥쪽에서 일어난다. 빵에서 유화제는 아밀로오스 뿐만 아니라 약간의 아밀로펙틴의 외부 체인과도 복합체를 형성한다. 유화제를 첨가한 빵도 실내온도 보다 냉장고의 낮은 온도에서 더 빨리 굳으며 냉동 특성은 유화제의 사용에 의해 변하지 않는다.

냉장고에서 빵을 보관 할 수 있다면 저장 중에 빵에서 발생하는 향의 변화를 최소로 할 수 있다. 곰팡이와 곡류에서 발생한 아밀라아제는 노화를 지연 시킨다. 박테리아, 알파 아밀라아제는 곡류와 곰팡이 효소에 비해 높은 온도에 견디므로 빵

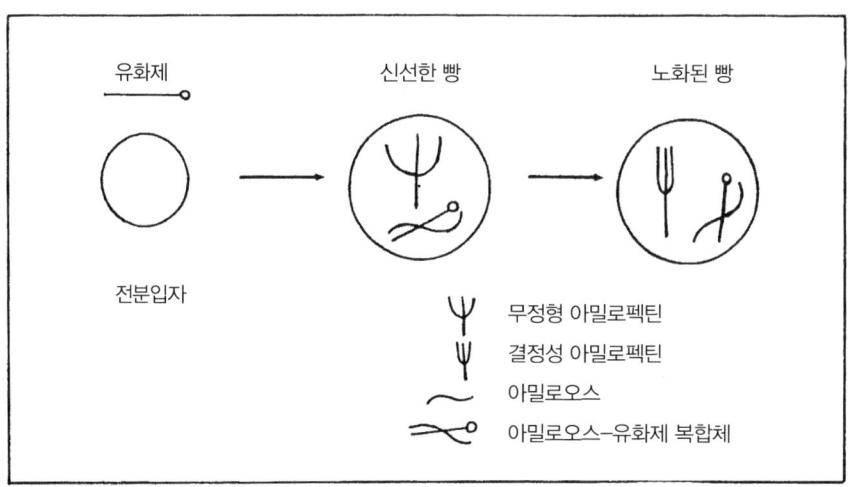

〈유화제의 효과〉

을 굽는 과정에서 활성을 유지하는데 상업적 노화 방지제로 생산되고 있다. 지나치게 많이 사용하면 저장하는 동안 역효과가 발생하므로 적절한 양을 사용하는 것이 중요하다.

박테리아 효소를 첨가 할 때는 수송과 저장 중에 온도가 높아지면 효소력을 높이므로 온도에 유의해야 한다. 이 효소는 유화제의 기능을 보충하는 정도의 낮은 수준으로 사용하는 것이 바람직하다.

식빵 노화의 영향인자

식 빵	껍질의 신선함	빵 속의 신선함
비용적(높을수록)	+	+
수분 함량(높을수록)	+	+
+ 개선됨 − 감소됨		

6. 다른 요소들

빵이 다시 가열 될 때에 수분손실이 없다면 노화된 빵은 다시 부드러움을 찾고 신선한 빵의 풍미를 내게 된다. 이러한 반응은 결정질 아밀로펙틴이 무정형 상태로 전환되고 아밀로오스 복합체에서 향 화합물들이 방출되기 때문이다. 아밀로펙틴은 60℃에서 변화가 일어나고 아밀로오스는 결정 상태로 남아있다.

빵의 향은 저장하는 동안에 사라진다. 그러나 재가열함으로 원상태로 회복할 수 있다. 빵을 저장하는 동안 카르보닐 화합물의 전체량이 증가하는 반면에 알데히드는 감소하고 케톤은 증가한다. 빵 노화의 기구와 노화를 지연시키는 방법들에 대한 현재의 지식은 완전한 것이 아니다. 굳기에 관여하는 물리화학적인 변화에 대해 어느 정도 이해한다 해도 풍미의 변화에 대하여는 한정되어 있다.

노화의 속도는 배합율과 공정의 변화로 다소 느리게 할 수 있으나 이 분야의 노력에 관계 없이 빵은 변질되기 쉬운 식품으로 남아 있고 저장성을 연장하는 것은 아마 가장 어렵고 연구되어야 할 제빵 산업에 직면한 문제로 남을 것이다.

제 4 장 빵의 제품결함과 원인

　제빵의 결과물인 빵제품이 자신이 원하는 바와 다르게 잘못 만들어 졌을 때 여러 가지 원인을 찾아내고 대비책을 세워야 한다.
제품 결함의 원인이 몇개에서 부터 수십개로 다양할 수 있으므로 가능성 있는 원인을 찾아 문제를 해결하도록 한다.

1. 식빵

(1) 부피가 작다.

번호	원　인	대　비　책
1	이스트 사용량 부족	설탕사용량 증가
2	너무 지친 반죽	발효시간을 단축함
3	소금 사용량 과다	소금 사용량을 줄임 (1.8~2% 사용)
4	설탕 사용량 과다	7% 이상 사용시 삼투압으로 이스트양 증가
5	유지 사용량 과다	이스트양 증가
6	분유, 우유 사용량 과다	완충작용으로 발효지연, 사용량 감소
7	맥아 사용량 과다	전분, 글루텐 연화하므로 효소재료 사용감소
8	반죽 개량제 사용 과다	개량제 사용량 감소
9	오래된 밀가루	적절히 숙성된 밀가루 사용
10	약한 밀가루	단백질 함량이 11% 이상인 강력분 사용
11	너무 강한 밀가루	단백질 함량 11~12.5% 강력분 사용
12	미숙성 밀가루 사용	제분 직후는 효소력이 강하므로 숙성후 사용
13	중간발효 불충분	불충분하면 정형시 찢어지므로 글루텐 손상
14	2차발효 불충분	팬 높이에 1~1.5cm 올라온 지점에서 발효완료
15	과다한 믹싱	최종단계를 지나면 글루텐 결합이 깨지기 시작
16	부족한 믹싱	충분하게 글루텐이 형성되는 단계까지 믹싱
17	높은 오븐 온도	너무 높은 온도는 오븐에서 팽창이 작음
18	오븐에서의 충격	전분과 글루텐이 열변성으로 구조형성 전 충격금지

19	연수(단물)사용	미네랄 이스트푸드 첨가
20	너무 경수(센물) 사용	이스트 사용량 증가
21	알칼리성 물 사용	약산성에서 발효속도 증가되므로 산성재료 사용
22	너무 낮은 반죽온도	반죽시 물온도 조절이나 발효실 온도 조절
23	너무 높은 반죽온도	반죽온도는 27℃ 기준함, 높은 온도는 지친 반죽임
24	질은 반죽	반죽의 무게가 지나치므로 팽창이 방해됨
25	너무 긴 중간발효 시간	지친반죽의 특성이 나타나므로 중간발효 시간단축
26	이스트 과다사용	이스트 사용량 감소
27	너무 된 반죽	가스발생이 적고, 팽창에 대한 저항으로 부피 작음
28	보관이 잘못된 이스트	오래 되었거나 높은온도에 노출된 이스트는 활력부족
29	발효온도가 낮음	겨울에는 실온이 아닌 발효기에서 발효
30	성형시 실온이 낮음	반죽을 최대한 보온하면서 성형함
31	뜨거운 팬 사용	팬 온도가 높으면 외부만 커졌다 주저앉음
32	너무 낮은 팬 온도	팬 온도는 최저 32℃ 이상이 바람직함
33	팬 기름이 과다함	팬에 기름이 고이지 않도록 함
34	너무 고속으로 반죽함	반죽온도가 상승됨으로 지친반죽이 가능함
35	이스트를 찬물에 녹임	반죽온도가 낮아짐
36	이스트 뜨거운 물에 녹임	이스트는 50℃ 이상에 녹이면 사멸 시작함
37	반죽이 기계적 마찰에 노출됨	기계에서 물리적 손상을 최소로 함
38	낮은 2차발효 습도	습도 80~85%가 바람직. 마른 껍질은 팽창저해 요인
39	굽기중 수분 부족	건조한 오븐은 거친 껍질색. 굽기전 계란 물칠
40	굽기중 스팀과다	지나친 오븐 수분은 질긴 껍질 형성
41	팬에 비해 반죽량 부족	제법에 따라 비용적 3.3~ 4.3 으로 조절
42	2차발효 온도 과다	37~40℃로 조절
43	이스트푸드 사용부족	물이 연수일 경우 이스트푸드 사용량 증가
44	믹서에 반죽량 과다, 과소	믹서에 알맞은 반죽이 믹싱 부족이나 과다 방지
45	유황성분의 물 사용	지나친 경수나 특정 성분이 녹은 물사용 금지
46	유지 사용량 부족	유지는 4~5% 사용시 부피팽창을 최대로 함
47	너무 과다한 2차발효	지나친 2차발효는 상대적으로 구조력이 약해짐

(2) 너무 부피가 크다.

1	과다한 2차발효	팬 위로 1~1.5cm 정도 올라오면 오븐에 구움
2	소금 사용량 부족	소금은 1% 이상에서 삼투압으로 발효 억제함
3	약간 지나친 발효	발효과다로 가스발생량 증가
4	오븐 온도가 낮음	낮은 오븐온도는 높은 2차발효와 같은 현상 발생
5	팬에 비해 반죽량 많음	비용적이 낮으면 반죽량 과다로 부피가 지나침
6	부적합한 성형공정	너무 느슨하거나 단단한 성형은 품질에 문제 발생

(3) 너무 옅은 껍질색

1	발효가 지나친 반죽	지친반죽은 잔당함량이 낮아 캐러멜화가 적음
2	낮은 오븐온도	캐러멜화는 190℃ 이상 가열에서 발생함
3	설탕 사용 부족	설탕에 의한 캐러멜화 반응 부족
4	2차발효 습도 부족	발효실 습도 부족은 열전도가 낮아 착색이 부족함
5	불충분한 굽기	굽기 단계의 마지막에 착색이 충분히 발생함
6	오븐 윗불 온도가 낮음	오븐에서 윗불과 아랫불의 밸런스가 요구됨
7	연수사용	발효에는 아경수가 알맞음. 이스트푸드 사용
8	효소제 부족	스트레이트보다 스펀지법이 착색이 좋음
9	중간 발효과다	발효과다는 잔당함량이 낮아 껍질색이 옅음
10	이스트푸드 사용 과다	경수사용의 특성을 나타냄으로 발효가 부적절함
11	오래된 밀가루 사용	지나치게 숙성된 밀가루는 단백질에 영향을 줌
12	덧가루 사용 과다	생밀가루는 껍질색을 흐리게 함
13	믹싱이 부적절함	믹서의 종류와 속도에 따라 알맞게 믹싱 함

(4) 너무 진한 껍질색

1	과다한 설탕사용	반죽에 설탕량이 지나치면 캐러멜화 반응 지나침
2	높은 오븐온도	오븐온도가 지나치면 갈색화 반응도 함께 많아짐
3	부족한 발효	발효부족으로 잔당함량이 많아짐으로 갈색화 많아짐
4	오븐의 수분부족	건조한 오븐은 얼룩진 껍질색으로 착색이 나쁨
5	오래 굽기	오래구우면 껍질의 갈색화가 지나침
6	오븐의 섬광열	오븐온도가 고르게 열이 분포되어야 함
7	윗불 온도 과다	오븐의 윗불과 아랫불이 균형을 이루어야 함
8	분유 사용량 과다	분유의 유당은 발효에 이용 안되고 갈색화됨

(5) 껍질에 물집형성

1	발효가 부족함	부족한 발효는 어린반죽 특성이 나타남
2	부적절한 믹싱	모든 재료가 고르게 섞여야 함
3	2차발효의 지나친 습도	반죽 표면에 수분이 응축됨
4	부적합한 성형	둥글리기에서 가스빼기가 불충분한 경우
5	지나치게 진반죽	발효과다와 수분증발에 수포형성
6	오븐에서의 충격	굽기 초기에 충격으로 기체가 껍질로 이동
7	오븐 윗불이 너무 높음	오븐 전체에 열 분포가 균형을 이루어야함

(6) 두꺼운 껍질

1	유지 사용량 부족	유지는 껍질을 얇고 부드럽게 함
2	낮은 오븐온도	과다한 수분증발로 두꺼운 껍질형성
3	너무 오래 발효한 반죽	지친반죽은 껍질색이 엷어 오래구움
4	건조한 오븐	껍질색이 거칠고 두꺼운 껍질형성
5	건조한 2차발효	건조한 반죽은 건조한 오븐 특성을 나타냄
6	설탕 사용량 부족	껍질색이 안 나므로 오래 굽게 됨
7	분유 사용량 부족	유당의 착색기능이 없어 오래 굽게 됨
8	이스트푸드 과다사용	경수의 특성으로 껍질색이 엷음으로 오래 굽기
9	오래 굽기	갈색화 과다로 껍질도 두꺼워짐
10	너무 강한 밀가루 사용	단백질함량이 지나침으로 두꺼운 껍질형성
11	2차발효 온도 부적합	$37 \sim 40$℃의 온도 유지
12	2차발효 습도 너무높음	$80 \sim 85$%의 습도 유지
13	팬이 뜨겁거나 차거움	팬 온도는 $32 \sim 37$℃가 바람직함
14	팬에 비해 적은 반죽량	부피가 작음. 비용적을 알맞게 함
15	팬 기름칠 과다	팬 기름이 고이지 않도록 함

(7) 위 껍질의 조개모양

1	너무 된반죽	반죽의 흡수량을 적절히 함
2	발효 부족	반죽의 적절한 발효유지
3	2차발효 부족	팬 위로 $1 \sim 1.5$cm 높이까지 2차발효
4	2차발효 습도 부족	상대습도 $80 \sim 85$%유지
5	오븐의 밑불이 너무 높음	윗불과 아랫불의 균형이 있어야함

6	오븐의 윗불이 너무 높음	풀먼브레드는 윗불이 높아야함
7	미숙성 밀가루 사용	밀가루는 제분후 적절히 숙성되어야 제빵적성 좋음
8	오븐의 수분부족	건조한 오븐은 거친 제품색 형성함

(8) 터짐과 찢어짐 (Break & Shred) 부족

1	발효 부족	부피가 작음. 어린반죽의 특성이 나타남
2	발효 과다	부피가 작음. 지친 반죽의 특성을 나타냄
3	2차발효과다	오븐에서 팽창이 약화됨
4	너무 높은 오븐온도	급격한 껍질형성, 부피가 작아짐
5	너무 높은 2차발효 온도	37~39℃ 유지
6	건조한 2차발효	껍질형성으로 팽창저해에 의해 부피작음
7	약하거나 오래된 밀가루	단백질 11~13% 밀가루사용.
8	효소제 사용 과다	아밀라아제 함량 과다하지 않도록 함
9	연수 사용시	이스트푸드 사용으로 물을 아경수로 변경함
10	이스트푸드 사용량 과다	과다 사용시 물은 경수로 발효 억제함
11	오븐의 습도부족	적절한 오븐습도는 팽창을 도와줌
12	2차발효 습도과다	껍질이 질겨짐으로 팽창 방해함
13	너무 진반죽	반죽무게가 무거움으로 작은 부피 형성함
14	2차발효 부족	가스 보유부족으로 오븐팽창이 나쁨

(9) 어두운 빵 속 색깔

1	발효가 지나친 반죽	지친반죽은 작은 부피와 두꺼운 세포벽 형성함
2	맥아 사용량 과다	아밀라아제 과다시 작은 부피 형성함
3	질이 낮은 밀가루 사용	껍질의 회분함량이 높은 밀가루는 어두운 속 색형성
4	이스트푸드 사용량 과다	경수 사용의 특성으로 작은 부피형성
5	지나친 믹싱	믹싱 과다는 글루텐 결합붕괴로 작은 부피형성
6	2차발효과다	오븐에서의 팽창약화로 작은 부피형성
7	너무 낮은 오븐온도	낮은 오븐온도는 2차발효 과다와 비슷함
8	팬에 비해 적은 반죽량	비용적이 너무 높은 것은 2차발효가 과다함
9	뜨거운 팬의 사용	팬 온도가 높으면 껍질부분만 발효됨

(10) 빵 속 줄무늬 형성

1	덧가루 과다사용	수화되지 않은 덧가루는 향과 맛도 저하시킴
2	반죽 통에 기름칠 과다	기름이 반죽내에 혼입되어 줄무늬 형성함
3	정형시에 부적절한 꼬기	너무 비틀거나 당겨서 정형하지 않음
4	건조한 중간발효	습도유지 위해 비닐로 씌우거나 발효실 이용
5	정형 몰더의 조절 부적절	롤러의 간격을 적절히 유지 할 것
6	스펀지 믹싱 부적절	건조하지 않은 스펀지로 도반죽제조
7	분할기 기름과다	분할기계의 기름이 반죽에 섞이지 않도록 주의
8	남은 반죽이 믹싱에 섞임	믹싱 후 볼을 깨끗이 함
9	재료가 잘 섞이지 않음	믹싱에 의해 재료가 고르게 분산되게 함
10	발효시 반죽껍질 형성	발효시 상대습도 75~80% 유지
11	밀가루를 체로 치지 않음	밀가루에 공기 혼입과 덩어리 방지 위해 체로침
12	이스트가 잘 섞이지 않음	이스트를 잘게 부수어 사용하거나 용액으로 사용
13	너무 된 반죽	적절한 수분 흡수된 반죽사용
14	너무 진 반죽	지나치게 진 반죽은 과량의 덧가루를 사용하게 됨
15	2차발효시 습도 과다	과도한 습도는 질긴 껍질 형성 함

(11) 거친 기공

1	부족한 발효	부피가 작음으로 세포벽이 두꺼워 거친 기공형성
2	부적절한 믹싱	재료가 고르게 섞여야 발효도 고르게 일어남
3	과도한 2차발효	과도한 발효로 터진 기공 형성됨
4	약한 밀가루 사용	가스 보유력이 약하므로 기공이 일정치 않음
5	이스트푸드 사용량 부족	연수일 경우에 발효가 약화됨
6	물의 경도가 강함	경수에서 발효에 문제 발생되므로 이스트 증가
7	발효가 지나친 반죽	지친반죽의 특성이 나타남
8	알칼리성 물사용	발효는 약산성에서 잘 진행됨
9	팬에 비해 반죽량이 적음	비용적이 적절하게 패닝 함
10	2차발효 온도가 너무높음	가스발생 과다로 기공이 불안정함
11	중간발효 과다	중간발효는 1차발효와 연계하여 시간 조절함
12	너무 진 반죽	진 반죽은 발효가 과다하게 발생함
13	너무 낮은 오븐온도	낮은 오븐온도는 오븐라이스 과다 발생

14	너무 뜨거운 팬사용	팬 온도가 높으면 껍질부분만 발효가 지나침
15	분유의 품질이 나쁨	유고형분은 빵의 품질을 높여줌

(12) 조직상태가 좋지 않음

1	믹싱이 부적당함	글루텐 형성을 최대로 하여 가스보유력을 향상시킴
2	밀가루가 약함	단백질함량이 높은 강력분 사용
3	물의 경도가 높음	센물은 발효지연으로 이스트 사용량 증가
4	알칼리성 물 사용	발효에 적합 하도록 산성재료나 식초사용
5	너무 진반죽	제품의 잉여 수분이 많아 물컹이는 조직형성
6	너무 높은 2차발효 온도	껍질부분에만 과다발효로 내상은 단단함
7	뜨거운 팬 사용	2차발효 온도가 높을 때의 현상발생
8	부족한 발효	어린반죽의 특성으로 작은 부피형성으로 단단함
9	너무 낮은 오븐온도	2차발효 온도가 높은 현상발생
10	너무 오랜 2차발효	기공도 일정치 않으므로 조직도 좋지 않음
11	이스트푸드 사용량 부족	연수의 단점을 보완함
12	지나친 발효	지친반죽은 두꺼운 세포벽 형성으로 조직이 단단함
13	건조하거나 긴 중간발효	중간발효가 지나치면 지친반죽의 특성이 나타남
14	오븐에서 굽기중의 충격	열변형 전의 충격은 가스가 일시적으로 빠져나감
15	너무 된반죽	된반죽은 발효지연, 작은부피로 두꺼운 세포벽 형성
16	2차발효 부족	가스 보유부족으로 오븐팽창이 적음
17	2차발효 습도 과다	과도한 습도는 껍질이 질겨지고 오븐팽창이 적음
18	이스트푸드 사용과다	과다 사용시 경수사용의 문제점으로 발효지연
19	유지 사용량 부족	유지는 4%에서 가스보유력이 좋아 얇은 세포벽 형성
20	덧가루 과다 사용	과다 사용시 풍미도 나쁘며 딱딱한 내상형성
21	반죽통 기름칠 과다	반죽에 혼입되어 줄무늬 형성으로 불균형된 내상
22	분할기의 기름칠과다	디바이더 오일 과다시 반죽에 기름이 혼입됨
23	스펀지 반죽 껍질형성	스펀지 발효시 습도조절. 껍질이 반죽에 혼입됨
24	정형시 무리한 꼬기	트위스트 형태 꼬기가 지나치면 반죽손상 우려됨
25	기계에 의한 물리적손상	기계정형시 반죽손상에 유의

(13) 좋지 않은 맛 과 향

1	질 낮은 재료사용	신선하고 고급재료는 좋은 제품이 제조됨
2	발효가 지나침	빵은 발효제품이므로 발효공정이 정확해야함
3	오븐에서 지나치게 구움	껍질이 탄 제품은 나쁜 냄새와 맛 형성
4	소금 사용량 부족	소금은 제품의 맛을 내고 다른 재료의 향을 이끌어냄
5	산패된 유지사용	산패된 유지는 불쾌한 향 성분인 뷰티린산 형성
6	이스트푸드 사용 과다	발효지연으로 발효향 성분 결핍
7	소금사용 과다	짠맛으로 맛의 조화가 상실됨
8	팬의 세척불량	팬의 찌든 냄새가 제품에 전이됨
9	발효가 부족함	정확한 공정으로 발효향 최대 생성
10	정형기계, 도구 청소 불량	나쁜 냄새가 작업할 때 반죽에 전이됨
11	덜 구워짐	오븐에서 마이야르 반응으로 많은 향이 생성됨
12	재료 저장 잘못	밀가루, 분유등의 분말재료는 냄새나 수분을 흡수
13	부적당한 믹싱	글루텐 형성이 잘된 반죽은 발효향, 재료향을 보유함
14	2차발효 과다	높은 온도이므로 과다발효시 초산, 낙산 등이 형성됨
15	불량한 오븐 사용	열분포가 고르고 위 아래불 조절이 잘되는 오븐 사용
16	덧가루 사용과다	수화되지 않은 생밀가루는 맛과 향이 나빠짐
17	비위생적인 발효실	공장기계 중 가장 곰팡이 많은곳이므로 수시 청소
18	오래된 빵	노화된 제품은 신선한 향을 상실함
19	보존료 사용과다	보존료의 냄새가 제품에 전이됨
20	비위생적 냉각	강제 송풍시 바람에 의해 제품에 나쁜 냄새 전이
21	냉각 불충분	내부까지 실온으로 냉각 후에 제품을 포장함
22	반죽 개량제 과다사용	개량제의 유화제 냄새 전이됨
23	제품에 곰팡이 발생	신선한 제품만 판매함
24	연수 사용	발효속도가 느림으로 이스트푸드 사용함
25	오래된 사워사용	호밀빵 사워는 신선한 것 사용함
26	알칼리성 물사용	발효지연으로 식초나 산성재료를 사용함
27	더러운 붓 사용	계란물칠에 사용하는 붓 사용 후 씻어 말려 사용함
28	향료 사용과다	적절한 사용비율만 사용함
29	부적합한 향신료 사용	계피와 건포도처럼 서로 어울리는 향신료 사용함
30	제품보관 잘못	비위생적인 장소에서 보관하지 않음
31	슬라이서와 포장기계	제품이 직접 닿는 기계는 항상 청결을 유지함

32	뜨거운 팬 사용	뜨거운 팬은 껍질부분의 발효과다와 내부발효 부족
33	팬기름의 산패	팬 기름은 신선한 것으로 사용함
34	반죽통의 청소 불량	반죽통 사용 후 세척 건조하여 사용
35	작업장의 공기순환 불량	작업장의 공기가 정기적으로 순환 되도록 함
36	포장상자, 포장지의 냄새	상자나 포장지의 인쇄 냄새가 제품에 전이됨
37	오븐의 온도가 낮음	낮은 온도로 오래 구우면 향 상실이 많음
38	2차발효 온습도 부정확	온도 37~39℃, 습도 80~85% 유지
39	중간발효가 지나침	지친반죽의 특성이 나타남
40	제품 수송차량의 청소 불량	운반에서 제품의 오염을 방지함
41	배합비율이 잘못됨	재료의 비율 불균형으로 이상한 풍미 형성함
42	제품판매대의 오염	진열대 및 쇼케이스의 청결한 관리
43	냉장고에서 냄새흡수	냉장고 보관시에 밀봉보관으로 재료관리
44	소독용 약품 사용	공장 소독할때 제품 노출에 의한 냄새 흡수방지
45	밀가루 해충	밀가루에 벌레 발생으로 인한 오염방지
46	원료 속 이물질 섞임	색과 형태가 비슷한 재료는 섞이지 않도록 유의함
47	재료의 향 방출	보관 부주의로 인해 재료의 향이 날아가지 않도록함
48	기계 윤활유의 혼입	반죽에 기계유가 닿지 않도록 철저히 관리함
49	팬에서의 오염	정기적인 팬 세척으로 오염되지 않도록 함

(14) 제품의 짧은 저장성

1	발효가 부족함	일반적으로 발효가 긴 제품은 제품의 노화가 느림
2	설탕 사용량 부족	설탕의 수분보유 능력에 의한 저장성 연장
3	유지 사용량 부족	유지의 연화작용과 수분이동 저지로 부드러움 유지
4	발효가 지나침	지친 반죽은 노화가 빠름
5	너무 된 반죽	된반죽 제품은 수분보유가 낮음으로 저장성 짧음
6	질 낮은 밀가루	밀가루 글루텐의 수분 보유력은 저장성을 연장함
7	분유 사용량 부족	분유의 유당과 유화성분은 부드러움을 제공함
8	너무 질은 반죽	빵의 적절한 수분함량은 38%가 이상적임
9	오래된 밀가루	나쁜 저장 조건에서 오래 보관한 것은 로프균 오염
10	덧가루 사용과다	수화되지 않은 덧가루는 제품을 건조하게 함
11	유제품의 산도가 높음	우유, 버터, 치즈 등의 산패는 제품의 저장성을 단축함

12	부적당한 믹싱	믹싱에서 글루텐이 형성되지 않으면 노화가 빠름
13	너무 오래 굽기	오븐에서 지나친 수분증발로 빠른 노화 발생
14	부적합한 정형	여러 가닥 꼬기의 제품은 노화가 빠름
15	너무 긴 중간발효	지나친 중간발효는 지친반죽의 특성이 나타남
16	반죽량에 비해 큰 팬	비용적이 지나치게 높으면 노화가 빨라짐
17	높은 온도의 2차발효	40℃ 이상의 높은 온도는 노화가 빠름
18	너무 낮은 오븐온도	낮은 오븐온도는 높은온도의 2차발효의 특성을 가짐
19	건조한 오븐	오븐내의 적절한 습도는 오븐팽창으로 부드러움
20	지나친 냉각	포장 전에 지나친 냉각은 수분증발로 제품이 마름
21	과다한 2차발효	비용적이 지나치게 높아지고 구조력이 약해짐
22	저질의 포장재료	제품에 맞는 포장재료 사용으로 노화 지연
23	포장안함	비닐포장의 제품은 노화가 느림
24	제품저장 조건 불량	빵은 냉장하면 노화가 빨라짐
25	건조한 기후	건조한 조건에서 냉각, 포장은 노화가 빠름

(15) 빵 속에 구멍이 생김

1	반죽통에 과다한 기름칠	기름이 반죽에 혼입되어 구멍형성
2	발효가 오래된 반죽	지친 반죽은 기공의 벽이 합쳐져 터진 기공 형성함
3	발효가 부족한 반죽	어린반죽의 특성으로 구멍을 형성함
4	유지가 안 섞임	반죽에 포함된 유지덩어리는 구멍을 형성함
5	믹싱 부족	글루텐 형성 부족으로 가스 보유력 약화됨
6	믹싱 과다	글루텐 결합 일부가 파괴됨으로 가스 보유력 약화
7	제분직후의 밀가루	숙성이 덜된 밀가루는 가스 보유력이 좋지 않음
8	단단한 유지	얼거나 융점이 높은 유지는 큰 구멍 형성함
9	진 반죽	수분이 지나친 반죽은 발효력이 빠르므로 구멍 형성
10	소금 사용량 부족	소금의 발효억제 미비로 발효 속도가 빠름
11	효소제 과다사용	발효 속도가 빠르게 진행됨으로 큰기공 형성
12	발효에서 껍질형성	발효시 반죽표면 건조로 내부에 큰기공과 줄무늬
13	정형 잘못	꼬는 제품 정형미숙으로 가스가 몰려 큰기공 형성
14	패닝 실수	팬에 반죽을 넣을때 이음매를 아래로 팬에 닿게함
15	2차발효가 지나침	세포벽이 합쳐져서 큰 기공 형성함

16	정형기계 조작미숙	몰더의 가스 빼는 압력판 높이를 조절함
17	2차발효 온습도가 높음	높은 온도는 가스발생 과다로 큰 기공 형성
18	분할기의 과다한 기름칠	디바이더오일이 반죽에 혼입되지 않도록 함
19	중간발효의 과부족	지나치거나 모자란 중간발효는 정형시 큰기공 형성
20	믹싱 속도가 너무 빠름	고속 믹싱은 반죽에 공기 혼입으로 기공형성
21	잘못 저장된 밀가루 사용	밀가루는 제분 후 환기되는 건조한 실온에 저장
22	반죽에비해 팬이 너무큼	적은 반죽을 팬크기로 크게 제조함으로 큰기공형성
23	뜨거운 팬 사용	팬 온도가 높으면 껍질부분만 큰 기공 형성함
24	낮은 오븐온도	오븐온도가 낮으면 2차발효 온도가 높은 현상발생
25	오븐에서의 부주의	구조형성 전에 충격으로 기공이 불안정해짐
26	젖거나 덩어리진 밀가루	반죽에 수분과다로 큰 기공 형성
27	밀가루 혼합불량	모든 재료가 반죽에 고르게 분산되어야함
28	발효가 고르지 않음	장시간 발효시 반죽을 펀칭함으로 고른 발효 유도
29	이스트푸드 과다 사용	물의 경도에 맞추어 이스트 사용량 결정
30	너무 약한 밀가루	단백질 함량 낮은 반죽은 가스 보유력 결핍

(16) 껍질이 갈라짐

1	제품을 급속히 냉각시킴	내부수분 이동전에 표면의 수분증발 과다로 갈라짐
2	발효가 지나침	지친반죽은 제품표면의 이상현상 발생
3	발효가 부족함	어린반죽의 특성이 나타남
4	2차발효 습도부족	껍질이 건조함으로 터지는 현상 발생
5	저율 배합율 제품	설탕, 유지 등의 고율재료는 껍질에 부드러움 제공
6	윗불이 너무 가까움	오븐 윗면과 너무 가까움으로 껍질이 건조화
7	2차발효실의 과습	습도가 너무 높으면 질겨지고 오븐팽창을 방해함
8	오븐온도가 너무 낮음	오븐에서 오래구움으로 껍질이 건조화

(17) 껍질이 질김

1	약한 밀가루 사용	글루텐 형성 위해 믹싱 과다로 질긴 껍질 형성
2	2차발효 과다	부피는 증가하나 구조력 약화와 질긴 껍질 형성
3	너무 낮은 오븐온도	2차발효 과다와 비슷한 현상발생
4	지친 반죽	과다한 발효로 껍질이 질겨짐
5	저율배합 사용	고율배합의 재료는 껍질을 부드럽게 함

6	2차발효 습도과다	과도한 습도는 껍질을 질기게 함
7	2차발효 습도부족	습도 부족은 건조하고 단단한 껍질형성
8	어린 반죽	발효부족으로 가스보유가 적어 적절한 팽창부족
9	너무 강한 밀가루 사용	글루텐 과다로 껍질이 단단해짐
10	밀가루의 질이 낮음	저질의 밀가루는 적절한 팽창부족으로 질긴 껍질
11	오븐의 과다한 습도	질긴 껍질형성

(18) 옆면이 터짐

1	2차발효 시간부족	발효에서 글루텐이 늘어나지 않아 오븐에서 터짐
2	믹싱 과다	오버믹싱으로 글루텐 구조가 일부 깨어짐
3	높은 오븐 온도	반죽내 높은 가스압으로 터짐
4	부적절한 정형	봉합부분이 약하거나 철판바닥에 닿지 않음

(19) 납작한 윗면과 날카로운 모서리

1	발효가 부족함	강한 가스발생력으로 팬모서리까지 반죽이 침 투함
2	미숙성 밀가루사용	효소력이 강하고 어린반죽의 특성을 나타냄
3	발효실 습도과다	2차발효 과습은 햄버거처럼 퍼짐성을 나타냄
4	질은 반죽	수분 과다로 무거워 퍼짐성이 많고 가스발생력강함
5	소금 사용량 부족	삼투압이 낮아 가스 발생력이 강함
6	믹싱 과다	글루텐의 신전성으로 반죽의 흐름성이 강함

(20) 빵의 모양불량

1	정형의 잘못	말기에 옆면이 튀어나오거나 봉합을 잘못함
2	패닝의 부적절	이음매가 반드시 바닥면에 오도록 패닝함
3	거칠게 다룸	2차발효나 굽기 초기에 충격방지
4	과다한 2차발효	구조력이 약해지므로 옆면이 들어감
5	팬에 비해 반죽량이 많음	비용적이 너무 높지 않도록 함

(21) 빵에 곰팡이가 생김

1	냉각전 포장	내부온도를 실온으로 냉각후 포장함
2	슬라이서,포장기 오염	냉각, 슬라이서, 포장기계에서의 오염방지
3	반품과 격리 부주의	오염된 반품은 반드시 격리된 공간에서 작업함

4	작업도구의 오염	작업대 및 도구는 정기적인 소독으로 청결유지
5	먼지에 의한 오염	환기시설로 내부 먼지 오염 방지
6	저장 불량	저장시설의 정기적인 소독
7	제품운반 상자 오염	주기적인 상자 세척 및 소독실시
8	진열대의 오염	쇼케이스나 진열대의 청결유지
9	취급자 위생불량	손을 다친 작업자 배제 및 개인위생 확인

(22) 슬라이싱이 잘 안됨

1	톱날이 잘못 끼워짐	톱날이 느슨하게 끼워지지 않도록 함
2	빵의 냉각부족	덜 냉각되면 잉여수분이 많아 잘 안썰어짐
3	무딘 톱날	톱날은 정기적으로 갈아서 사용함
4	덜 구워진 제품	굽기 부족은 내부의 점질형성으로 문제발생
5	기계작동 미숙	톱날 왕복 속도와 빵 써는 속도의 균형이 있어야함

(23) 제품의 옆면색이 옅음

1	팬 사이 간격부족	팬 사이를 3cm 이상 간격을 두고 굽기함
2	오븐의 낮은 바닥열	아랫불이 너무 낮으면 옆 색갈이 약해짐
3	섬광열 발생 오븐	오븐의 온도가 편차없이 위아래불의 균형이 필요함
4	팬이 너무 두꺼움	팬의 두께가 얇고 열전달이 좋은 재질을 사용함
5	전처리 없이 새 팬사용	팬 길들이기 작업 후 사용으로 열전도를 좋게함

(24) 제품옆면이 움푹 들어감

1	제품이 덜구워짐	오븐에서 구조력 형성불량으로 힘이 없음
2	팬간격 좁음	간격이 좁으면 대류,복사열이 옆면에 닿지 못함
3	지친 반죽	발효가 지나친 반죽은 반죽의 구조형성이 불량함
4	팬기름칠 과다	바닥면이 기름에 튀겨지는 효과로 옆면이 약함
5	오븐 아랫불이 낮음	아랫불은 옆면의 구조를 세우는데 도움을 줌
6	전처리없이 새 팬사용	오븐에 가열하여 기름을 약간 태워 닦아내고 사용
7	팬이 너무 무거움	팬의 재질이 열전도가 좋은 가벼운 팬 사용
8	과다한 2차발효	부피가 지나치면 상대적으로 구조력이 약해짐

(25) 표면이 갈라지고 구멍형성

1	패닝한 반죽사이의 기름	정형한 반죽 사이에 묻은 기름을 제거함
2	과다한 덧가루 사용	수화되지 않은 덧가루는 반죽사이의 결합력 약화함
3	2차발효의 너무 높은 습도	과습은 물방울이 떨어지면서 윗면이 좋지않음
4	너무 된 반죽	반죽이 너무 되면 적절한 팽창의 방해로 갈라짐
5	패닝 잘못	과도한 말기나 비틀기는 표면형성이 좋지않음

(26) 바닥 면이 움푹 들어감

1	팬에 물이 있음	팬바닥 수분은 패닝된 반죽을 밀어올림
2	뜨거운 팬 사용	철판 닿는 면이 과팽창되어 제품냉각 후엔 수축함
3	팬에 기름칠을 안함	팬과 반죽사이에 마찰이 없어 반죽의 채워짐 불량
4	믹싱과다	과다한 흐름성으로 팬 윗면이 먼저 채워짐
5	질은 반죽	2차발효 속도가 빠름으로 팬바닥 가스가 남아 있음
6	패닝잘못	패닝시 윗면을 너무 누름으로 윗면이 채워짐
7	믹싱 부족	글루텐 형성부족으로 반죽 신전성이 약함

(27) 선명하지 않은 껍질색

1	오븐의 낮은 습도	오븐의 적절한 수분은 열전도를 좋게 함
2	덧가루 과다사용	수화 되지 않은 가루는 최소한의 적은양만 사용함
3	발효가 지나친 반죽	지친반죽은 잔당함량이 낮아 색이 뚜렷하지 않음
4	낮은 배합율 제품	설탕, 분유등의 고율재료는 색을 내는데 도움을 줌
5	너무 낮은 오븐온도	낮은 온도는 갈색화 반응이 좋지않음
6	소금 사용량 부족	삼투압이 낮아 지나친 발효로 잔당 함량이 낮음
7	2차발효 온도가 높음	높은 온도는 이스트의 당분해 과다로 잔당이 낮음
8	스팀 압력이 너무 높음	고압의 증기는 쪄지는 효과로 껍질색이 좋지않음

(28) 껍질에 반점

1	믹싱할 때 재료 잘못 넣음	재료투입 순서에 맞게하고 너무 늦게 재료를 넣지않음
2	굽기전 껍질에 설탕 묻음	설탕이 탄화되므로 굽기 전에 계란 물칠로 제거함
3	덧가루 과다사용	과다한 덧가루는 바닥에도 곰팡이 같은 반점 형성
4	2차발효실 습도 과다	표면에 수분 응축으로 수포가 생기기도 함
5	스팀오븐 오작동	오븐 스팀에 작은 물방울이 함께 분사됨
6	분유의 응고	분유의 응고로 반죽에 용해되지 않은 상태로 남음

2. 과자빵

(1) 충전물 들어간 빵 내부의 공간
1) 밀가루의 단백질 양이 지나치게 많음
2) 설탕과 유지량이 너무 적음
3) 스펀지 반죽의 발효가 부족함
4) 너무 진 반죽으로 충전물을 넣음
5) 충전물이 너무 질거나 열처리가 부족함
6) 단팥빵을 정형 후에 너무 세게 누름
7) 반죽과 충전물의 되기가 너무 차이가 남
8) 2차발효가 불충분함
9) 2차발효 후 오븐에 넣기까지 오래 방치함

(2) 껍질색이 옅은 경우
1) 배합율이 저율재료로 구성됨
2) 발효시간이 길어서 발효가 지나침
3) 반죽온도가 높아 발효가 지나침
4) 과다한 덧가루를 사용함
5) 오븐에 넣기 전 껍질이 마른 경우

(3) 껍질색이 진한 경우
1) 반죽온도가 낮아 발효가 부족함
2) 발효 중에 반죽이 냉해를 입음
3) 2차발효실의 습도가 부족함
4) 숙성되지 않은 반죽으로 정형함
5) 밀가루의 질이 좋지 않음

(4) 껍질에 흰 반점이 생기는 경우
1) 반죽온도가 너무 낮음

2) 발효중에 반죽이 냉해를 입음

3) 숙성이 덜된 반죽으로 정형함

4) 2차발효 후에 찬 공기에 노출됨

(5) 가운데 부분이 낮아진 경우

1) 배합비율에 비해 이스트량이 적음

2) 반죽의 믹싱이 너무 지나침

3) 발효가 부족한 반죽

4) 정형시에 누르기를 지나치게 함

5) 2차발효를 지나치게 오래함

6) 굽기 온도가 낮거나 밑불이 낮음

(6) 제품 옆면에 주름이 잡힘

1) 지나치게 진반죽

2) 중간발효가 너무 짧음

3) 철판에 패닝한 빵의 간격이 너무 짧음

4) 오븐온도가 높아 빨리 꺼냄

(7) 팬에서 제품을 떼낸 자리가 깨끗하지 못한 경우

1) 설탕량이 부족한 저율배합

2) 반죽의 믹싱이 부족함

3) 너무 진반죽

4) 과도한 2차발효

5) 굽는 온도가 낮음

(8) 빵 속이 너무 건조한 경우

1) 배합 원료 중에 특히 설탕이 부족함

2) 스펀지 발효시간이 너무 지나침

3) 너무 된반죽

4) 굽는 온도가 낮아 너무 오래 구울 때

(9) 속이 설익은 경우

1) 배합율에 비해 이스트양이 적음

2) 반죽온도가 낮음

3) 발효가 덜된 반죽

4) 반죽이 냉해를 입음

5) 충전물양이 너무 많음

6) 2차발효가 덜됨

7) 오븐온도가 높아 덜구워짐

(10) 껍질이 두꺼운 경우

1) 설탕사용량이 적은 저율배합

2) 단백질 함량이 낮은 밀가루 사용

3) 너무 된반죽

4) 정형시 덧가루를 과다 사용함

5) 스펀지 발효가 지나침

6) 유지 사용량이 부족함

(11) 껍질의 탄력성이 부족한 경우

1) 단백질 함량이 낮은 밀가루 사용

2) 유지 사용량이 부족함

3) 반죽의 믹싱이 부족함

4) 너무 된반죽

5) 2차발효가 너무 오래 걸림

6) 굽는 온도가 너무 낮음

(12) 풍미가 불충분한 제품

1) 원료의 배합이 조화가 안됨

2) 저율의 배합율

3) 발효가 모자라거나 지나침

4) 반죽온도가 너무 높음

5) 2차발효 온도가 너무 높음

(13) 오븐에서 팽창이 적은 경우

1) 반죽에 비해 이스트양이 적음

2) 반죽온도가 너무 낮음

3) 발효가 모자라거나 지나침

4) 중간발효가 지나침

5) 작업장의 낮은 온도와 습도

(14) 식감이 나쁜 경우

1) 원료배합이 낮거나 조화가 안됨

2) 재료가 고루 섞이지 않음

3) 발효가 부족하거나 지나침

4) 2차발효가 지나침

5) 지나치게 낮은 온도로 구움

3. 데니시 페이스트리

(1) 껍질색이 너무 옅은 경우

1) 오븐에서 덜구워짐

2) 설탕함량이 낮아 캐러멜화 불충분

3) 정형하는 동안에 발효가 진행됨

4) 오븐온도가 낮음

5) 2차발효의 습도가 낮아 껍질이 형성됨

6) 반죽온도나 2차발효 온도가 높음

7) 밀어펴기에서 지나친 덧가루 사용

8) 롤인유지가 너무 부드러움

9) 너무 많이 접기를 함

10) 분유함량이 너무 낮음

(2)·너무 진한 껍질색

1) 굽는 온도가 너무 높음

2) 설탕 함량이 너무 높음

3) 2차발효가 너무 짧음

4) 반죽을 지나치게 다룸

5) 분유 사용량이 과다함

6) 소금 사용량이 많음

7) 숙성이 안된 밀가루 사용함

8) 너무 오래 구움

9) 너무 높은 윗불 온도

10) 너무 높은 밑불온도

(3) 완제품이 단단하고 거친 경우

1) 믹싱을 지나치게 오래함

2) 너무 여러번 접기를 함

3) 밀어펴기를 너무 무리하게 함

4) 충전용 유지가 너무 단단함

5) 충전용 유지가 고루 펴지지 않음

6) 설탕, 유지의 함량이 낮음

7) 저배합율, 충전용 유지가 적음

8) 밀가루의 단백질 함량 과다

9) 계란 사용량이 너무 많음

(4) 제품의 보존성이 좋지않음

1) 믹싱을 지나치게 많이 함

2) 밀기와 접기에서 강한 충격

3) 2차발효가 지나침

4) 융점이 낮은 충전용 유지

5) 오븐의 온도가 낮음

6) 설탕 사용량이 적음

7) 덧가루 사용량이 많음

8) 오븐의 밑불이 너무 강함

9) 굽기 전에 껍질이 형성됨

10) 너무 된 반죽은 노화가 빠름

11) 반죽휴지 냉장고의 습도가 높음

12) 반죽 접기가 지나치게 많음

13) 완제품에 광택제 바르지 않음

14) 너무 적은 계란 함량

15) 너무 강한 밀가루 사용함

16) 반죽에 유지함량이 낮음

17) 발효가 지나친 반죽

18) 분유 사용량이 너무 적음

19) 2차발효실의 습도가 높음

20) 휴지하는 냉장고 온도가 높음

21) 건조한 기상조건

(5) 제품의 부피가 작은 경우

1) 이스트 사용량이 적음

2) 발효가 지나친 반죽

3) 소금 사용량이 많음

4) 설탕 사용량이 너무 많음

5) 계란 사용량이 너무 많음

6) 충전용 유지 사용량이 많음

7) 충전용 유지가 적절하지 않음

8) 분유 사용량이 지나침

9) 숙성이 안된 밀가루의 사용

10) 오븐온도가 지나치게 높음

11) 2차발효를 너무 오래함

12) 단백질함량이 많은 밀가루 사용

13) 2차발효의 온습도가 높음

14) 너무 오래된 밀가루 사용함

15) 2차발효가 부족함

16) 팬에 비해 제품무게가 적음

17) 필링이나 토핑양이 지나치게 많음

(6) 풍미가 좋지 않음

1) 재료의 질이 낮음

2) 지친반죽은 신 냄새가 남

3) 너무 오래구워 탄내가 남

4) 소금 사용량이 적어 이취 발생함

5) 유지가 산패되었음

6) 오염된 팬을 사용함

7) 오븐에서 덜구워짐

8) 밀가루, 설탕, 분유의 저장불량

9) 2차발효가 지나침

10) 더러운 붓이나 계란물의 변질

11) 사용하는 향의 타입이 다름

12) 향 사용량이 지나치게 많음

13) 팬 기름이 산패됨

14) 필링이나 토핑의 질이 낮음

15) 포장지나 포장용기에서의 냄새

16) 제품이 변질됨

17) 팬에 세척제가 남아있음

(7) 느끼한 맛이 나는 경우

1) 충전용유지가 너무 부드러움
2) 오븐의 굽는 온도가 낮음
3) 뜨거운 팬 사용으로 유지가 녹아나옴
4) 2차발효 온도가 너무 높음
5) 충전용 유지가 제품에 고루 퍼지지 않음
6) 충전용 유지 사용량이 지나침
7) 반죽밀기에서 힘을 가해 유지층이 합쳐짐
8) 반죽 접기의 횟수가 적음
9) 작업실의 온도가 높음

(8) 치친 반죽이 되는 경우

1) 소금 사용량이 낮음
2) 반죽 온도가 높음
3) 휴지할 냉장고의 온도가 높음
4) 정형까지의 시간이 너무오래 걸림
5) 단백질 함량이 너무 낮은 밀가루 사용
6) 휴지할 반죽이 너무 큼

(9) 제품모양이 좋지 않음

1) 정형을 잘못 했음
2) 패닝이 적절치 못했음
3) 굽기중에 충격을 가함
4) 2차발효가 지나침
5) 2차발효 습도가 너무 높음
6) 팬에 너무 붙여서 패닝함
7) 필링이나 토핑양이 너무 많음

(10) 색깔이 선명치 않은 경우

1) 덧가루를 너무 많이 사용함

2) 물칠의 종류가 맞지 않음

3) 광택제를 사용 안함

4) 2차발효의 습도가 낮음

5) 저율 배합율 사용

6) 지친 반죽의 제품

7) 지나친 2차발효

8) 휴지할 때 냉장고 온도가 높음

9) 냉장고에서 반죽이 건조됨

10) 냉장고에서 휴지를 오래함

(11) 껍질에 얼룩점이 생기는 경우

1) 덧가루를 너무 많이 사용함

2) 2차발효 과습으로 물방울 생김

3) 오븐의 스팀파이프에서 물 떨어짐

4) 물칠을 고루 하지 않음

5) 충전용 유지가 고르게 퍼지지 않음

6) 오븐이 청결하지 않음

7) 필링이 제품 밖으로 새어나옴

. . . . 색 인 . . . .

참고문헌 및 자료

Baking Science & Technology, Sieble Publishing Co.,E.J.Pyler

제빵이론, 한국제과학교, 제일문화사

제빵기술, 미국소맥협회, 이웅규

식품화학, 김동훈

冷凍生地の理論と實際 田中康夫 食研センター

제빵 기초지식, 다케이코우지(곽지원 역) , B&C world

베이킹 테크놀로지, 울프도리(이광석 역), B&C world

빵 · 과자 백과사전, 민문사

한국빵과자 문화사, 조승환

표준 제빵이론

집필위원	이웅규, 고원방, 신숭녕, 정순경, 김영석, 이관복
감수위원	김영일, 김창남, 염동민, 윤성준, 이명호
(ㄱ, ㄴ 순)	이재진, 이정훈, 이준열, 조남지, 홍행홍, 황윤경
발행인	장상원
초판 1쇄	2011년 3월 3일
4쇄	2020년 3월 25일
발행처	(주)비앤씨월드
	출판등록 1994. 1. 21. 제16-818호
	주소 서울특별시 강남구 선릉로 132길 3-6 서원빌딩 3층
	전화 (02)547-5233
	팩스 (02)549-5235

ⓒ KOREA BAKING SCHOOL , BnCworld

http://www.bncworld.co.kr